中山出版
ZHONGSHAN PUBLISHING
香山承文脉 好书读百年

从零开始
学理财

王 君◎著

SPM
南方出版传媒
广东人民出版社
·广州·

图书在版编目（CIP）数据

从零开始学理财 / 王君著． -- 广州 ： 广东人民出版社， 2018.3
（2019.4重印）
　ISBN 978-7-218-12548-0

　Ⅰ． ①从… Ⅱ． ①王… Ⅲ． ①财务管理－通俗读物 Ⅳ．
①TS976.15-49

　中国版本图书馆CIP数据核字(2018)第023539号

CONG LING KAI SHI XUE LI CAI

从零开始学理财

王 君 著

出 版 人：肖风华

责任编辑：李锐锋　　冼惠仪
装帧设计：蓝美华
封面设计：

统　　筹：广东人民出版社中山出版有限公司
执　　行：何腾江　吕斯敏
地　　址：中山市中山五路1号中山日报社8楼（邮编：528403）
电　　话：（0760）89882926　　（0760）89882925

出版发行：广东人民出版社
地　　址：广州市大沙头四马路10号（邮编：510102）
电　　话：（020）83798714（总编室）
传　　真：（020）83780199
网　　址：http://www.gdpph.com
印　　刷：恒美印务（广州）有限公司
开　　本：787mm×1092mm　1/16
印　　张：15　　　字　　数：181千
版　　次：2018年3月第1版　2019年4月第3次印刷
定　　价：39.00元

如发现印装质量问题影响阅读，请与出版社（0760-89882925）联系调换。
售书热线：（0760）88367862　　邮购：（0760）89882925

前　言

　　随着中国经济的腾飞式发展，人们的生活水平较之前有了很大的提高，但即便如此，我们依然能够时刻感受到生活所带来的压力。对于大多数人来说，最真切的体会可能就是口袋里面的钱变多了，能买到的东西却越来越少了。

　　社会经济在不断向前发展，我们的思维方式也应该不断地与时俱进。努力工作，依靠劳动力赚钱自然是重要的，不断学习投资知识，利用头脑赚钱也是十分重要的。事实上，近些年来，中国正在掀起一波又一波的投资理财热潮，无论是互联网的理财产品，还是房地产等实体投资，人们对于投资理财的关注程度变得越来越高。

　　每一个投资者都希望自己能够像"股神"沃伦·巴菲特一样，通过投资来不断积累自己的财富，很显然，这样的愿望并不现实。但是作为一个投资者，让自己的财富保值增值却是很容易实现的。可能也有人认为，只要不进行投资，那么自己的财富便不会减少。事实上，这种想法不仅天真，而且完全错误。

　　即使能够保证自己不花钱，但我们的财富依然会减少。想一想30年前，10元能够买好几斤猪肉，而现在的10元甚至买不起1斤猪肉。对于没有接触过经济学的人来说，可能只是会单纯地从猪肉价格上涨来解释这一现象,实际上并不准确,在经济学上,这种现象被称作通货膨胀。

对于个人来说,应对通货膨胀的最好方法就是进行投资理财。无论是银行储蓄、购买保险,还是炒债券、炒股票,抑或是买房、买艺术品,这些投资方式都可以供我们选择。但在选择之前,了解这些投资方式的优缺点,也就是风险和收益之间的关系,则是投资者首先需要考虑的一个重要问题。

对于刚刚接触投资的人来说,赚钱往往是次要的。如何在投资之中,让自己的资金保值是首先需要考虑的问题,但同时也是大多数新手投资者最容易忽略的问题。大部分新手投资者都会存在一种"想赚钱"的心理,从而会出现一些急躁冒进的投资举动,这往往会对自己的投资行为造成很大的风险。对于新手投资者来说,在赚钱之前要先学会不亏钱。

这本《从零开始学理财》中没有投资必胜的方法妙招,没有一定赚钱的小道消息,有的只是新手投资者最需要的投资理财知识。从基础的投资方式分析,到深层的市场行情分析,全方位地为新手投资者介绍投资理财相关知识,由浅入深地将投资者带进投资理财的大门。

目 录

第一篇　投资就是让钱生钱

第二篇　你是哪种理财者

第三篇 投资靠的是脑子，不是运气

第四篇　像股神一样去理财

第一篇

投资就是让钱生钱

第一章
你不理财，财不理你，做自己的理财规划师

做自己的理财规划师

　　小徐大学毕业后参加工作，姐姐就告诫她要尽早给自己做个理财规划，说是"理财要趁早，越早开始越好"。虽然小徐不明白，还是听了姐姐的话，给自己做了个规划。在做计划时咨询了亲人、朋友、同学的意见。部分同学听了小徐的计划，都觉得很可笑，"有钱人才理财，你一刚毕业的'无产阶级'怎么理财？"

　　不过小徐没有理会那些，在姐姐的鼓励和监督下，按自己的计划开始认真执行起来。中间又根据情况的变化，对计划进行了修改。5年后，她用自己的钱买了一个小公寓，成为大学同学中第一个完全靠自己能力买房的人。工作上因为平时的辛苦付出，也有了回报，成为公司的管理阶层。

　　5年的时间，让以前在班级上各方面都表现平淡的小徐，一跃成为同学中间"混得不错的人"。是什么让小徐"逆袭"成功的呢？那就是她做了自己的理财规划师，把命运掌握在自己的手中。

月薪 5000 元，既想在该玩的年龄能多去看看世界，不辜负这大好时光，又想在 5 年内攒够一套房子首付，好让自己能有个安身之地。这样的愿望不是不可以实现，只要你做好自己的理财规划。理财没有想象中那么难，也不是专业人士的专利，只要我们自己努力学习，掌握理财的规律，就可以做自己的理财规划师。

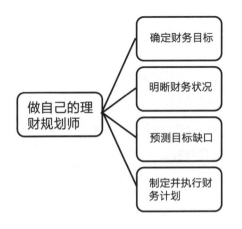

现在已经有很多专门的理财规划师，我们为什么不直接交给他们，让那些专业的人士帮忙打理，还要自己花时间去学习呢？这不是浪费时间吗？我们为什么要坚持呢？

一方面，理财是伴随我们一生的事业。从小我们接受的财商教育就很少，如果工作后还不学习管理自己的钱财，还是只会挣钱，不会花钱，不会投资理财，那么我们什么时候才能明白，还有一种挣钱方式就是让金钱给自己打工呢？

巴菲特说过："如果你没有找到一个当你睡觉时还能挣钱的方法，你将一直工作到死！"我们绝大多数人都是工薪一族，在为别人工作，用自己的才华为别人创造财富，用自己的时间换取微薄的工资，如果有一天停止了工作，我们的收入也将停止。我们总在忙忙碌碌，却总没有空闲的时间，总没有足够多的财富。

如果你不想一辈子这样下去，那么就要努力学习，改变自己的未来。

另一方面，那些专业理财人士的水平也让人不放心。调查之后你会发现，他们自己的收入来源基本还是依靠工资，而不是投资收入。如果连他们都不相信自己，你又怎么能去相信他们呢？你可以参考他们的意见，但是不能全信。每个投资者都有自己的偏好，不同的人给出的建议都不相同，还是根据自己的实际情况来吧，毕竟最了解你的还是你自己啊。

既然要做自己的理财规划师，那么我们该从哪些地方着手呢？

首先，要确定自己的财务目标。这个目标有短期、中期、长期，比如1年、3年、5年、10年等。只有确定了自己的目标，才能坚定地向这个方向走。没有目标，人容易迷失自己。

比如本章开头说的，月薪5000元，想要旅游与买房兼顾。我们可以明确一下目标，如旅游的频率是多少，一年一次还是一年几次？国内还是国外？每次的预算是多少，共计多少钱？还有5年攒首付的计划，准备在哪里买房？买多少平方米？那里房价是多少？首付大概要多少钱？

假如目前每年旅游一次，费用控制在4000元以内；买房准备在小点的地方买个80平方米左右的，那里的房价是7000元/平方米左右，假如首付是30%，那么5年的旅游费用还有房子的首付共计需要18.8万元。这就是你的财务目标，把目标清晰起来后，是不是感觉实现起来容易很多？

其次，明确自己的财务现状。包括目前自己的资产和负债情况，还有自己的收入和支出情况，给自己的"财务状态"做个"体检"。

可以从网上找一些财务分析模型、指标、原则等，对财务状况做个检查，也给自己能承担的风险做个测试。列出近期必须支出的费用，还要预留一些紧急备用金，剩余的钱可以进行分散投资。当然，投资之前要先学习，不要贸然进入。

再次，预测达成目标的缺口。月薪5000元，每月支出差不多2000元，剩余3000元，5年如果不做任何投资，那么能攒下18万元，离目标18.8万元差距不多。可是这中间没有考虑房价的变化，房子的首付会不会增加？房子的装修还得不少钱，还有其他一些大额开销，比如5年中手机得换。如果谈恋爱，开销会增加，还有生病等其他额外的开销。

最后，给自己定个计划书。从上面的分析可以看出，这个目标还是可以实现的。虽然有很多不确定的因素，但是5年中，能力会提升，工资肯定会增加。另外，每月把钱分成几份，进行分散投资，获得最大的稳定收益。

制定目标时，要剔除那些不靠谱的目标。如果月薪5000元，想5年后买套80平方米的房子，如果每平方米5万元，这个目标一看就不靠谱。要不修改你的目标，要不修改你的实现方法。比如换一份高薪的工作，或者扩大自己的收入来源。

做出适合自己的、切实可行的理财规划不是那么容易的事，尤其是后期的执行。有时没有想得那么远，也不要着急，先定一个短期的理财计划。有时短期计划考虑得也不是那么全面，在执行过程中再慢慢修正。

经过对自己理财的规划，慢慢深入了解自己，进而对自己的人生进行规划，早日实现自己财务自由的梦想。

钱放着不用是最愚蠢的

圣经《新约·马太福音》中记载了这样一个寓言：从前，有一位国王在出远门前，交给三个仆人每人一锭银子，并嘱咐他们道："你们去做生意吧，等我回来时，再来见我，到时看看你们都赚了多少钱。"

过了一段时间，国王回来后，把三个仆人召集到一起。第一个仆人已经利用一锭银子赚了十锭银子，于是国王奖励了他十座城邑；第二个仆人则赚了五锭银子，国王奖励了他五座城邑；只是第三个仆人因为怕亏本，不敢冒险，什么生意也不敢做，最终还是攥着那一锭银子。第三个仆人以为国王会奖给他一座城邑，可国王命令将第三位仆人的一锭银子奖赏给第一位仆人，说："凡是少的，就连他所有的也要夺过来。凡是多的，还要给他，让他多多益善。"

这就是著名的"马太效应"。从故事中我们可以看到，虽然三个仆人最初的起点一样都是一锭银子，可是因为不同的处理方式，导致了最终的结果大相径庭。刚踏入社会的年轻人，大多数人条件都差不多。但是随着时间的推移，也会出现贫富差距。产生这种现象的原因在于，有的人善于利用钱，实现财富增值，而有的人不善于利用钱，让钱在那里放着"缩水"。

钱放在那里不用，是最愚蠢的。所谓"流水不腐，户枢不蠹"，说的就是这个意思。钱只有流通起来，才能发挥它的作用，才能钱生钱。如果你的钱只是放在那里，只会越来越贬值，因为现在的通货膨胀，让钱越来越不值钱。44 年前，1200 元存在银行，现在能取出多少呢?

据新闻报道，有人拿着一张 44 年前的 1200 元的银行存单，奔赴了各家银行，都得不到能否取出的答案。后来费了很多周折，终于成功取出了这笔 44 年的存单，连本带息共计取出 2684.04 元。44 年前，普通职工工资每月二十多元，那时好的大米一斤才 0.13 元，一斤猪肉才 0.71 元，当年家里如果有 12 口人，一天的生活费也就 1 元。44 年前，1200 元可是一笔巨款，在南方某地能买一套房，结果现在只能买一张床垫，还不是质量最好的。

看了这个新闻，你还傻傻地直接把钱放在银行，一放就好几十年吗? 可是不放银行，难道要把它花掉吗? 当然不是! 你需要投资，把钱放在能给你带来利息，尤其是复利的地方。不要小看复利的威力，那可是让投资者兴奋的东西。看看下面一组比较你就知道了。

假设你有 10 万元，如果存在银行，按 3% 的存款利率，复利计算，

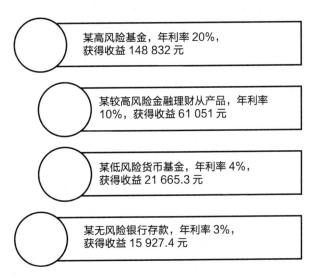

某高风险基金，年利率 20%，获得收益 148 832 元

某较高风险金融理财从产品，年利率 10%，获得收益 61 051 元

某低风险货币基金，年利率 4%，获得收益 21 665.3 元

某无风险银行存款，年利率 3%，获得收益 15 927.4 元

第一年获得利息 3000 元，第二年获得利息 6090 年，五年后共计获得利息 15 927.4 元，看起来也不错。但是，如果你购买了年化利率 4% 的货币基金类理财产品，五年后获得收益是 21 665.3 元。换个存款方式，就多出几千元呢。

假如你买了年化利率 10% 的金融类理财产品，五年后获得的收益是 61 051 元。这个一下多出好几倍吧。

假如你选择了一个相对稳妥的基金产品，假设按年收益 20% 计算，五年后获得的收益是 148 832 元。没看错，收益已经超过本金了。

也许你会跟本文开头的第三个仆人那样，害怕投资亏钱，不敢冒险，只能让自己的钱躺在银行，等着它慢慢贬值，慢慢"被缩水"。

其实投资没有我们想象得那么可怕，因为从小我们就被教育好好学习，通过自己的能力去赚钱，从来没有人告诉我们用钱去生钱。在学校里，我们学不到投资理财方面的知识，工作后也没有人告诉我们该怎样管理自己的钱财、该怎样去获得最大的利益。从小到大，我们接触的教育就是不要乱花钱，把钱存在银行。只是在通货膨胀的大环境下，如果你还是奉行这样的理财观，那么财务自由估计与你没有关系了。

随着时代的发展，很多人的消费观有了很大的改善，可是我们的理财观基本没怎么改变。一听说股票、基金，各种告诫都来了：那些东西碰不得，不是普通人能玩的，看看多少血本无归的人。

仔细分析那些失败的投资者，他们很多都是投机者，想一夜暴富，这样的人其实都是"赌博"，在赌场最终有几个能赢呢？投资市场虽然有风险，并且收益越大，风险也越大，但是只要我们有正确的投资心态，通过学习，找出市场的一些规律，养成自己的投资风格，通过价值投资与趋势投资，我们还是可以做到在规避风险的同时获得不错的收益。

害怕是因为自己什么都不懂，如果你胸有成竹，还会害怕吗？我们只会对未知担心。给自己定个系统的学习计划，掌握必要的知识后再开始，然后利用自己的所学，让躺着的钱动起来，让它们来给你创造更多的价值。

今天的钱和明天的钱

一天，上帝来到人间考察，被一位乞丐认出来了。乞丐说："主啊，你可怜可怜我，帮帮我吧，我已经好几天没吃饭了。"

上帝看着瘦骨嶙峋的乞丐说："对于忠于我的孩子，我都会帮助。现在给你两个选择，第一种是一次性给你1000万元；第二种是第一天给你1元，第二天给你2元，第三天给你4元，以后每天给你的钱都是前一天的2倍，连续给你30天，你选哪个？"

如果你是那位乞丐，你会选择那种呢？一次性1000万元，感觉够花了，而且还能解决眼前的温饱问题。如果选择今天1元，明天2元，前几天的温饱都是个问题，还有，万一上帝过几天反悔了，不给钱了呢？

到底是选择眼前既得的不错收益，还是牺牲眼前的享受来博取未来更大的收益呢？如果是第二种给钱方法，30天后我们到底能拿到多少钱呢？如果告诉你，到第30天，你将一次性得到536 870 912元，绝大多数人还会纠结吗？

很多人都会觉得今天花点小钱没什么，明天花点小钱也无所谓，那点钱能干什么呢？投资即使利润翻几倍也还是才那么一点点，何必为了这点钱来委屈自己。看看身边那些省吃俭用的人，除了看见他们生活的艰辛，也没见他们比自己好到哪里去。

确实，在短时间内，你与那些省吃俭用的人看起来没有什么区别，甚至你比他们潇洒很多。可是时间拉长，10 年，20 年，30 年，到了老年，你们的区别就能显现出来了。10 年后，别人买房了，你呢？如果不是亲人帮忙，你还是连首付都付不起。20 年后，别人有了自己的公司，你还在辛苦地打工。30 年后，别人财务自由了，你还在气愤国家为什么要延迟退休。老年的时候，别人安度晚年，幸福地变老；你还在苦恼，退休金这么少，怎么才能够花呢？

两种生活方式，为什么短时间内看起来没什么区别，但是时间拉长后就区别这么大呢？因为财富的累积，可以通过复利的长期作用去实现。即使是 1 元，只要给它足够的时间，就能变成 1 亿元。所以，在人生开始积累的阶段，不要随意浪费每一分钱。

巴菲特说："人生就像滚雪球，需要的是发现很湿的雪和很长的坡。"雪很湿，比喻年收益很高；坡很长，比喻复利增值的时间很长。

巴菲特从 1965 年接管伯克希尔·哈撒韦公司，到 2010 年，46 年间平均取得了 20.2% 的年复合收益率，虽然只比市场多赚 10.8%，但是

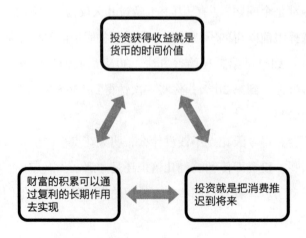

46 年间，巴菲特累积赚了 90409%，指数累积增长 6262%。

另外，我们的钱是具有时间价值的。今天的 1 元和一年后的 1 元，潜在的经济价值是不相等的。

我们把 1 元用于消费，只能获得眼前的享受。可是如果我们把 1 块钱用于投资，则会增值。我们获得的收益，就是货币的时间价值，投资就是把消费推迟到将来。

在很多人的心里，总以为能够靠投资致富的条件是需要雄厚的资金和高额的投资回报，觉得自己这点钱不可能创造什么财富。今天的 1 元不等于明天的 1 元。如果给复利足够的时间，它能带给你一个惊人的数字。我们再来看看下面的定投收益，你就能感受得到。

如果你每个月定投资 100 元，每年投资报酬率为 24％时，10 年后是 4.2 万元，20 年后是 40.3 万元，30 年后是 350.4 万元，40 年后是 3015.8 万元。

每个月定投 100 元，相信大家都有这个经济实力，难的就是保证每年的投资回报率保持在 24％ 及以上。这个就得需要我们不断地学习。虽然这个回报率有点困难，可也不是做不到。只要我们把握住投资的窍门，并且坚持正确的投资原则和习惯，就会获得一定的回报。

第二章
掌控财富，做财富的主人，不做金钱的奴隶

花出去的钱就是"沉没成本"

"沉没成本"是指由于过去的决策已经发生的，而不能由现在或将来的任何决策改变的成本。人们在决定是否去做一件事情时，不仅会看这件事对自己有没有好处，还会考虑是不是已经在这件事情上有过投入。那些已经发生的不可能收回的付出，如时间、金钱、精力等就是沉没成本。

你想要辞掉工作，换一个行业，或者结束掉一份不适合自己的恋情，但你没有行动。你继续着你不喜欢的工作，忍受着你不喜欢的人，不是因为它们能给你带来美好的人生体验，只是因为你已经在他们身上投入太多的时间、感情、金钱等，你舍不得放弃你曾经的付出。多少次，我们因为以前的错误付出，而勉强坚持，不愿放弃早就该放弃的事情。

你花了 40 元，买了一张电影票去看电影。电影开始了 15 分钟，你判定这部电影不值得观看，于是你果断离场，去看书了。有人说"你好傻，钱都花了，又不能退回来，为什么不看完呢"，可是你明白，

不能退回的电影票就是沉没成本，自己在做决定时不应该再考虑它的成本。如果再因为这个已经不能收回的成本浪费几个小时的时间，那才是傻呢。

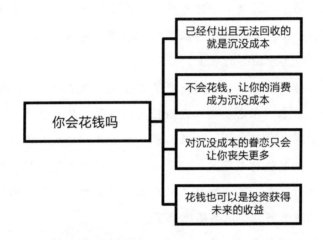

对于已经花出去且不能收回的钱，我们不要过于眷恋。不要因为一个过去错误的决定而耿耿于怀，直到现在，还要为那个错误的决定买单。就像你一直想辞没有辞的工作；就像想结束却不甘心，已经付出那么多的恋情。干脆一点，电影不好看就立马走人。不要觉得我都已经付出，怎么能没有收获就放弃呢？当以前的付出不能再产生价值时，要果断放弃。

知道了哪些是我们的沉没成本，就学会放弃。不要为打翻的牛奶而哭泣，不要因为花了钱而勉强自己看不喜欢的电影。同样对于那些不能再给我们带来价值，不能再创造利润的投资，我们也要学会放弃。我们要做掌控财富的主人，不做金钱的奴隶。

　　小张和小刘一起炒股已经两年。两年来，小刘赚了，小张却赔了。其实他们所选的股票都是一样的，经常两人分析后一起购买。然后两人确定好股票的止盈止损线，相约过了设定的线就卖，绝不犹豫。

无论是涨还是跌，小刘每次都能痛快执行，但是小张在股票亏损时，舍不得抛售。小张总觉得，卖了损失的钱就回不来了，自己拿在手里，万一股票再涨了呢。愿望很美好，可是两年来，他们买的股票涨回去的很少。

小刘劝小张道："我们设定了止损线，就已经提前把股票的损失预估出来。在这个线以内的损失都不算，你在做决定时是不应该把它再算作损失的。如果你总是抱着那部分损失不放手，你有限的资金只能待在那里，越跌越少。如果你卖了，用这个钱再买其他的好股票，不就挣钱了吗？这就是我挣钱、你赔钱的根本原因，你好好想想，别再不理性了。"

小张把两年来，自己与小刘的所有操作都分析了一番，发现自己的原因真的是总是舍不得把那几只跌破止损线的股票卖出。后来痛下决心，坚决按照事前的原则买卖，一年后果然没有再亏钱了。

在投资中，很多人会犯小张那样的错误，如果手里有两只股票，通常会先卖出赚钱的那只、留下亏钱的那只。当股票上涨时，就想赶紧卖出落袋为安，免得股价回落，把赚的钱送回去。面对那只亏钱的股票，卖出就意味着实际亏损，如果长期捂住不卖，总有一天会翻本。60元一只的股票，跌到30元时，可能有一天会再涨回去或者更高，但也可能还会跌到10元，甚至更低。股票的价格是由宏观环境和企业本身决定的，与投资者的主观意愿无关。

造成这个原因，主要是因为人们对沉没成本的过分留恋，舍不得放下，结果造成了更大的损失。我们要理性看待损失，不要以自己的主观意识去做决定。如果投资不理性，那跟赌场的赌徒又有什么区别呢？在赌场上的赌徒，因为陷在沉没成本中不能自拔，总想再赌一把就能回本，结果往往是倾家荡产。

在投资中，我们要记住，花出去的钱就是沉没成本，不要因为它而舍不得放弃，在关键时候懂得果断放手，这才是一个合格的投资者。

看到的投资就是"机会成本"

晚上，小志和圆圆下班一起回家时，小志说："圆圆，现在我这有只股票特别好，是稳稳地涨，你也投一点吧。"圆圆知道小志每次推荐的股票都很好，之前几次，小志给推荐的股票都赚了不少。可是，这次圆圆很郁闷，因为一个礼拜前，她刚刚把钱拿去买了一年的定期，现在手头上没钱了。

小志听后说道："你啊，以后要留点备用，这样有好机会时也能把握住。你要知道钱投在了那里，就意味着这里的钱你没有机会赚了。"

很多人投资理财时都喜欢收益大、风险小的理财产品，然而，绝对收益大、风险小的理财产品是没有的。现在的理财产品种类很多，我们该怎么比较那些理财产品的好坏呢？我们可以通过看得到的"机会成本"来比较那些理财产品。

机会成本是指为了得到某种东西而放弃另一些东西的最大价值。

机会成本越小，越具有优势。比如你只有 1 万元，放在银行做定期投资收益为 300 元，投资于某基金的话，可能收益是 1000 元；投资于股票的话，可能收益是 2000 元。

如果你把钱放在银行的话，那么就不能进行其他投资了，放在银行定期投资的机会成本就是 2000 元。

如果你把钱投入某只基金的话，也不能再进行其他的两个投资选择，那么投资基金的机会成本就是 2000 元。

如果你把钱买了股票，那么就不能再放入银行和基金，股票的机会成本就是 300 元，机会成本最小。

如果仅仅从收益大来看，选择股票的机会成本最小，收益是最大的。但是我们还要从风险角度来分析。放在银行做定期的风险最小，收益也最少，能保证资金的安全。投资基金呢，风险和收益都是中等；而投资股票，风险最大，但是收益也最大。

面对风险和收益，我们该如何取舍？这个与我们自己的风险承担能力，还与我们的投资目的有关。投资的各种风险，后面的章节均有介绍，现在我们来介绍一下投资的目的。

大多时候，投资者投资的目的并不是每个人都清晰，很多人的投资只是盲目跟风。因为盲目进入，很多造成了资金受损，所以在投资之前，要明白自己投资的目的是什么，然后有针对性地选择项目进行投资，从而实现财富的增加。

投资者的目的一般分为以下几种：

1. 投资理财的最基本目的是满足正常的生活。有人会说我连基本的生活都满足不了，还怎样投资理财。其实投资的原始资金就好像海绵里的水，挤挤还是会有的。月薪 10 000 元的人有他们的活法，月薪 2000 元的人也有他们的原则。只要把钱都花在刀刃上，不该花就

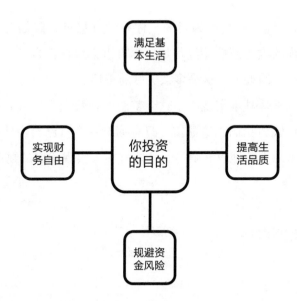

不花，结余的钱可以用于小额投资，每月定投是个不错的选择。

　　投资不一定非要是结余的钱，还可以先拿出一部分钱来投资，剩下的再进行消费。只有这样坚持下来，才有可能改变未来。如果总是有多少花多少，总是寄希望于等有钱了再投资，你会发现，即使你的收入增加了，你还是没钱去投资。从现在开始养成投资的习惯，也许几年以后你会发现，自己已经攒了不少钱。

　　2. 当我们的生活得到满足之后，就该想想提高生活品质的事情了。想要住大的房子、开好的车、去外面的世界看看等，但是每个月的那些"死工资"，除了日常开销最后也没啥剩余，该怎样实现这些目标呢？除了投资自己，增加收入之外，还可以通过投资理财实现资金的增值。此时，你的投资理财目的已经有所不同，抗风险的能力不同，所选择投资理财的方式也有所变化。

　　3. 以规避各种风险为目的，要对于同样的理财产品，不同收入的人群，对风险的抵抗能力都不会相同，要根据自己的实际情况慎重选择。

4. 以实现财务自由为目的。你有没有想过，假如有一天你不再工作了，你的收入还能持续增加，你可以去做任何自己想做的事，去任何自己想去的地方，这是多么美妙的事情。

想靠打工是基本实现不了这个梦想的，我们需要找到替自己赚钱的机器，让钱为我们创造财富。只有拥有一个自己会赚钱的机器，才能让我们源源不断地收获财富，才能有一天实现我们的财务自由。

怎样正确地攒钱

迈克·泰森作为世界上最著名的拳王之一，在二十多年的拳击生涯中，共挣了4亿多美元，却于2005年8月向纽约的破产法庭申请破产保护。估计泰森自己也不清楚钱怎么花没的。不过我们看看他的部分花费就会明白原因所在。

泰森有过六座豪宅，其中一座豪宅有108个房间、38个卫生间，还有一个影院和豪华的夜总会；他曾买过110辆名贵的汽车，其中的三分之一都送给了朋友；他曾在凯撒宫赌场饭店，带着一大群他叫不出名字的朋友走进商场，一小时就刷卡50万美元，自己却什么都没有买。就在他申请破产之前，他还在拉斯维加斯一家珠宝店中买走了一条镶有钻石的价值17万美元的金项链。到了2004年12月底，他的资产只剩下1740万美元，但是债务高达2800万美元。最后迫不得已申请破产保护。

泰森的故事告诉我们，个人收入的多少不等于所拥有的财富。那些总是以自己挣得少为借口不去攒钱，大多只是给自己找的借口而已。挣得多，花得更多，财富一样只会负增长。哪怕挣得很少，可是每个月都有结余，财富也会慢慢增加。因此，想要积累财富就一定要合理花钱，否则再多的钱也会被挥霍殆尽，最后落得两手空空，甚至成为"负债一族"。

现在是各种透支卡、花呗、借呗、白条、分期等盛行的时代，借钱如此方便。商家今天一活动，明天一优惠，总是诱惑着你。如果不养成会花钱的好习惯，很容易成为"月光族"。钱刚拿到手就没了，这样怎么进行投资呢？巧妇难为无米之炊，理财的第一步就是要学会正确地攒钱。

收入像一条小河流，花出去的钱是流出去的水，而财富是我们的小水库。想要水库的水越来越多，只能开源节流。这一节主要讲节流。很多人总是说我的收入就那点，去掉各种开销真的没了，怎么能攒下来钱呢？

很多人都面临这样的问题，总是入不敷出，总觉得钱不够花。如果你没有找到开源的方法，不想以后总是过这样的日子，那么必须得狠下心，无论如何都让自己每个月都能攒下钱来。只有这样，才能改变自己的未来。纵观那些成功人士的第一桶金，都是从节约开始的。

有一位富翁在给大家做演讲时，很多人向他询问致富的方法，富翁就问他们："如果你有一个篮子，每天早上向篮子里放十个鸡蛋。当天只能吃九个鸡蛋，会是什么结果呢？"有人回答到："最后篮子肯定会装满的。"富翁笑道："致富也是这样，你的首要原则就是在你的钱包里放进10元，最多只能用掉9元。"

这个故事告诉我们，一个正确赚钱的重要法则——"九一"法则。

当你每收到 10 元时，最多只能花掉 9 元，攒下 1 元。无论何时何地都这样坚持，哪怕你只进账 1 元，也要剩下 1 毛钱。

对于工薪阶层，在开工资时，每月首先把自己收入的 10% 存起来。这笔钱无论如何都不要动，剩下的钱才能用于生活开支。有人说，我把每个月剩下的钱攒起来不也一样吗？你自己试试就知道有什么不同了。通常等剩下再攒的，基本都没攒下来。

"九一"法则的意义不在于存下了多少钱，而是能够养成一个好的储蓄和消费习惯。随着财富的积累，财务上的安全感不断增加，会刺激你获得财富的欲望，想要追求更加美好的未来。

如果总是挣多少花多少，总是没有储蓄，天天应付眼前的苟且，怎么有心情去规划自己的未来？怎么有钱去投资？怎么摆脱掉这种生活？所以，即使开始很艰难、痛苦，可是为了美好的明天，也要从现在开始，养成攒钱的习惯。

很多人说，年轻时正是人生最美好的时光，这个时候不享受，老了吃不动，也走不动了，还怎么享受？但是你有没有想过，如果年轻时不辛苦一点，以后有了孩子、有了家庭，孩子的兴趣爱好你没钱买单，你的心里不内疚吗？等到老了，走不动时，还得出去挣钱，还得为看病发愁，这样透支未来幸福的享受，你真的愿意吗？个人觉得一个人晚年的幸福才是真的幸福。多少人老的时候，后悔年轻时没有好好努力，没有累积养老的钱。为了晚年的幸福生活，在年轻时学习做个"延迟族"，延后满足自己的消费欲望。

受现在环境的影响，有些人年纪轻轻就超出自己的财务能力去买房、买车，用明天的钱和父母养老的钱过上今天的享受生活。过度地消费使他们背上沉重的财务负担，成为房奴、车奴。因为有银行的贷款要还，导致即使遇到好的创业机会也不敢去冒险，也没有时间、精力、财力去想自己创业的事，扼杀了最适合创业时期的梦想。在消费这些大额东西时，不要跟风，要根据自己的实际情况决定。对于其他消费，如果可买可不买，那就不要买，只买必需品。

想要攒钱，就要养成记账的习惯。每月总结一下，把不必要的开支减少。慢慢你会发现，你攒的钱越来越多，积累到一定时候，就可以进行投资，让自己的资产进行增值。

很多事情，最难的就是迈出最开始的那步，不要等有钱了再说，现在开始，把你剩下的钱分成十份，拿出一份做定期存款吧。

通过自己的爱好赚钱

小美是做文秘的，从小就喜欢化妆，喜欢时尚、美容，非常会梳头发。她平时没事就在网站、朋友圈分享自己的化妆心得和穿衣搭配，上传自己的梳头视频。时间久了，慢慢就有人找她化妆、梳头，还有化妆公司找她写软文。

后来她把自己的爱好变成了兼职，新娘妆加上跟妆，800 元一天。好多人对她的手艺非常满意，再给些小费。给别人盘头收费 200 元，自己从网上淘的一些个性饰品，都被客人高价买走。后来她跟很多化妆品牌结合起来，根据客户每个人不同的肤质、发质售卖不同的化妆品，生意做得红红火火。每年的这块收入都有 15 万元左右。

现在，她又把自己的经验分享到很多美妆类的 APP 中。她推荐的产品她都亲自体验过，并且根据自己多年来的经验总结，把产品的使用注意事项说得非常清楚，还有她的实事求是与专业精神，因此获得了不少粉丝。当然，因为她的推荐而购买的产品，都有她的提成。

另外，小美还经常在微博、优酷等媒体上发布化妆、梳头的文章或者视频，几年来积累了不少粉丝，已经有公司在跟她谈合作的事。小美把自己的爱好发挥到极致，下一个目标就是辞职专心做自己喜欢做的事。

看看那些名人的传记，绝大多数都是因为爱好才坚持的，做着做着就专业了，当一件事情你把它做深之后，就会发现里面的赚钱机会很多。人生的成功在于经营自己的长处，让人生增值。富兰克林曾说："宝贝放错了地方便是废物。"所以我们要努力培养自己的爱好。

现在是个分享经济的时代，社交媒体快速发展，大家为爱好付费的习惯都让通过爱好挣钱成为现实。通过自己的兴趣爱好赚钱，既可以提高自己的技能水平，又能得到经济回报，这是两全其美的事情。

想要利用爱好赚钱，首先我们要先知道自己的爱好是什么，自己究竟喜欢什么。不用考虑你的这个爱好是否可以挣钱，而要明白自己的兴趣爱好达到了什么水平。既然想用它来挣钱，必须能得到普遍的认可，你不一定是个专家，但也不能是个刚入门的人。如果你处于起步阶段，那么还是要努力把自己的爱好向深度扩展，只有到了一定的深度，别人才愿意买单。

　　在挖掘自己爱好，并打磨成可以赚钱的利器时，我们要耐得住寂寞，并且能够自律起来。没有什么是一蹴而就的，不要妄想几天、几个月就能看到效益。在投资中，我们知道风险越大收益越大，那么这个爱好也是一样，投资得越多，时间越长，收益越大。天上不会掉馅饼，与其期盼好运的来临，不如好好努力，发展自己的爱好，几年后，它的收益可能会超过你的本职工作。

　　经常有人抱怨，不喜欢自己所做的工作，天天上班就是一种折磨，总想着辞职。其实大多数人主要是因为自己懒，他不是不喜欢这份工作，而是不喜欢所有的工作。如果你真有喜欢的事情，完全可以利用业余时间去发展，等到你真的可以用你喜欢的事情挣到钱，并且超过本职工作时，再考虑换工作也不晚。

　　如果仅仅是因为自己想要逃避工作，那么即使换成了你自己"喜欢"的工作，也还是坚持不了多久的。真的喜欢，可以让我们遇到困难时也会坚持下去，如果不是自己以为的那么喜欢，那么遇到困难，还是很容易就放弃的。

　　很多人说：我的爱好好像不能挣钱呢？我只喜欢吃喝玩乐，这个怎么赚钱呢？如果你能吃出一个高的境界，一样可以赚钱。不说那些美食家，其实好多饭店老板就是因为喜欢吃，才从中发现了商机，把别的地方的美食给搬回了自己的家乡。还有一些爱好美食的人，把自己吃到的每一种美食都用文字和图片记录下来，利用网络分享出去，积累到一定时候，就有人来主动找你谈合作的事情。

　　现在有很多人，去世界各地旅游，把自己的旅游照片传到媒体上，拥有了众多粉丝，然后就会有很多赞助商出来，可能是做服装的，可能是开旅馆的，可能是开饭店的，可能是某些景点的负责人等，只要你把他们加入自己的旅程，他们就会给你赞助。

谁说吃喝玩乐不能赚钱呢？你不能赚到钱，说明你的能力还没有达到，你还没有做到能吸引大多数人的注意。只有你做到大多数人都做不到的高度，机遇自然就会来了。

其实，只要克服"懒癌"，认真坚持爱你所爱，它总会在恰当的时机回报你。

第三章
投资有风险，入市需谨慎

投资的首要任务是保本

1929 年年初，35 岁的本杰明·格雷厄姆依靠自己的投资，让公司的资金从最初的 40 万美元上升到 250 万美元。然而，"黑色星期二"引发了世界股灾。在随后的几年股灾中，格雷厄姆出现了大幅的连续亏损。1932 年年底，亏损达到 78%，资产缩水到 50 多万美元。客户基本把钱都撤光了，公司面临关门，当时他痛苦得想自杀。后来依靠 5 万美元，花了 5 年时间，格雷厄姆才弥补亏损。最后，又努力了几年才重新成为百万富翁。

格雷厄姆损失了 200 万美元资本，还有比资本更宝贵的十多年时光，以及当时承受的巨大压力，才回到当初起点的一半。痛定思痛后，格雷厄姆总结出投资的原则就是保住本金。巴菲特继承了老师的"衣钵"，始终坚持这一原则，才有了今日的非凡成就。

巴菲特的成功秘诀有三条：
第一，尽量避免风险，保住本金；

第二，尽量避免风险，保住本金；

第三，坚决牢记第一、第二条。

不管做什么投资，保障本金的安全是首要任务。"不亏钱"谁不知道？可是投资追求的是赚钱，很多人对保本不以为意，认为说的是废话。其实保本是巴菲特有关价值投资的高度凝结，也是股神成功的最大秘诀。

投资市场保本比增值更加重要，好比在战争中，只有先保住自己的生命，才能去消灭敌人。战争的生存法则就是保护好自己；资本市场的原则就是保住本金。当对资本市场有怀疑时，便转持现金。在任何情况下，我们都要保存实力，只要本金还在，都有再次成功的机会。"留得青山在，哪怕没柴烧。"

资金是投资者的生命，影响投资者的生存状态。在投资市场，什么情况都有可能发生，我们必须谨小慎微，谨慎不是胆小，是一种投资的心态。

有经验的职业投资人说，投资是场长跑，不在乎你跑得多快，关键是不要停滞或者倒退。如果投资亏损了，那么挽回这个损失要比赚钱更难。我们看看以下几组数据，就会有深切的体会。

假如你投资亏损 10%，要赚 11.11% 才能大约保本；假如别人在此期间赚了 10%，你得赚 22.22% 才能差不多赶上。

假如你投资亏损 50%，要赚 100% 才能大约保本；假如别人在此期间赚了 50%，你得赚超过 120% 才能赶上。

看看，挽回损失是多么困难。其实我们亏损的不仅仅是金钱，还有我们的时间和机会。

保本，是投资产生复利效应的前提条件。投资的复利收益加速效果是惊人的。爱因斯坦曾经说，复利是世界的第八奇迹。如果你有 10

万元，每年保持20%的利率增长，50年后，你的资产就是9.1亿元。结果真的让人震惊。

在股市，可能很多人觉得每年赚20%太容易了，每个月都能赚20%。如果真的这样容易，大家都炒股去了。因为在投资市场，收益的稳定性、持续性很难实现。投资亏损，会严重影响投资者的心态，然后造成连锁反应。

科学家研究发现，人脑对财务损失的反应区居然和对死亡威胁的反应区，都在一个区域。因此面对亏损，人们会像不愿意接受死亡一样，不愿去面对。当亏损扩大后，真相变得更加残酷。人们为了接受这个事实，就扭曲它。

股票市场经常有被"套"的，因为股票下跌，他"打死都不卖"，觉得卖了就亏大了，不卖亏损就没变成现实，觉得自己的钱还是没亏，这样自欺欺人，等着股价的升起。这种心理下的决策，还是理智的吗？

你随时都可以卖出股票，可是我们大脑天然的弱点却很难改变。既然这样，那么就杜绝亏损，保护好你的本金。

还有的人在投资亏损后，为了保证自己以后再也不会发生损失，于是决定从今以后，再也不踏入投资领域，宁可让自己的钱，每年因为通货膨胀越来越不值钱。错失了未来因为投资而让资产增值的可能性，也错失了走上财务自由的机会。

如果你不创业，也不投资，仅仅依靠打工，就很难走上财务自由之路。

从风险角度看理财

2014 年 7 月，某网络 P2P 金融理财产品上线，其注册资本金 1 亿元，6 款产品都是融资租赁债权转让，预计年化收益在 9% — 14.2%，期限分别为 3 个月、6 个月和 12 个月。曾经在各大卫视的黄金档投放广告。"美女总裁""国内最大的合资融资租赁企业"等宣传口号赚足了投资者的眼球。

截至 2015 年 11 月底，该理财产品累计成交数据为 703 亿元，总投资人数 90.95 万人。12 月，各地公安机关对该理财产品进行立案侦查，发现该理财产品打着互联网金融的旗子，非法集资 500 多亿元。很多受害者本想投资挣点利息，结果利息没有挣到，反而把本金都搭了进去。

随着互联网金融的兴起，大家理财不再局限于银行、证券市场。理财产品种类繁多，让人眼花缭乱，各种收益率的产品出现在大家面前。对于非专业的投资者来说，往往只注重预期收益率的大小，而忘记了在一般情况下，收益率越高风险越大。

怎样才能拥有"火眼金睛"，发现理财产品里面的陷阱呢？

有时不是我们没有注意，而是有的金融机构为了销售他们的金融产品，故意将风险隐藏起来，只跟你强调他们的收益有多高。对于很多人来说，开始虽然有警惕，可是在他们描绘的美好蓝图下，渐渐放松了警惕，最后落入他们的陷阱。

理财就是在既定收益的情况下，尽量降低风险，或者在相同风险程度下，尽量提高收益率。所以，认清理财产品的风险，按照自身可以接受的风险水平，选择适合自己的理财产品，这一点对于初入理财的小白来说尤其重要。

理财之前，先确定自己可以接受的风险水平。投资者可从两个方面分析自身可承受的风险水平。

首先看自己的风险承受能力。投资者从年龄、就业状况、收入水平及稳定性、家庭负担、置产状况、投资经验与知识估算出自身风险承受能力。

然后看自己的风险承受态度，即风险偏好。可以按照自身对本金损失可容忍的损失幅度及其他心理测验估算出来。一般银行网站都有相关的测试，在投资之前先去了解自己到底属于哪一类型，根据类型选择相应风险的理财产品。

一般投资者被分为保守型、谨慎型、稳健型、积极型和激进型五类。证券产品从高到低也分为五类，低风险、中低风险、中等风险、中高风险和高风险。

下面简单介绍五类证券产品，大家可以对照自己的偏好类型选择适合自己的理财产品。

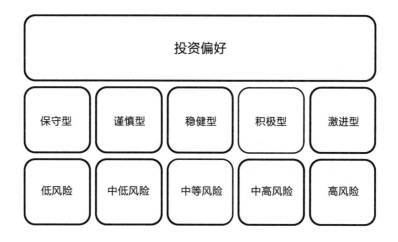

第一类，低风险的理财产品。银行活期、定期存款和国债由于有银行信用和国家信用作保证，具有最低的风险，但是收益率也是最低的。有的保守型投资者，经不起一点损失，如果看见下跌了，觉都睡不好，饭也吃不下，整天都在提心吊胆。这样的话，建议先从银行的存款和国债开始进入理财市场。

一般家庭资产配置中，都会配备一些国债，不把鸡蛋放在一个篮子，也是为了降低风险。一般投资者保持一定比例的活期银行存款，是为了日常生活所需。如果有高收益产品时，也可以方便购买。

第二类，中低风险的理财产品。主要为货币市场基金或者债券型基金，这类产品主要投资于同业拆借市场和债券市场。该类产品本身就具有低风险和低收益特点，再由基金经理进行专业化、分散化的投资，使风险进一步降低。不是特别过激的保守型投资者可以尝试一下。

像我们现在常用的余额宝、理财通等理财产品都属于货币基金，风险小，收益比活期银行的收益多。

第三类，中等风险的理财产品。主要包括信托类理财产品、外汇结构性存款。

信托类理财产品是指信托公司为投资者提供的一种金融理财产品，并按约定额收益分配期限获取回报。投资人可以根据自己的意愿，选择投资的具体方式。具体投资方式有股权投资、债权投资、信托贷款、组合投资、权益投资、另类投资等多种类型。它面向投资者募集资金，提供专家理财、独立管理，投资者自担风险。

信托公司是银监会管理下的非银行性金融机构。相对于其他金融投资来说，风险低，一般年化收益率稳定。投资这类理财产品时，投资者要注意分析募集资金的投向、还款来源是否可靠、担保措施是否充分和信托公司自身的信誉。

外汇结构性存款，是运用利率、汇率产品与传统的存款业务相结合的一种创新。它是一个结合固定收益产品与选择权组合形式的产品交易。这类产品通常有一个收益率区间，投资者要承担收益率变动的风险。这个产品适合收益要求高，对外汇汇率及利率走势有一定认识，并且有能力承担一定风险的投资者。

第四类，中高风险的理财产品。主要是偏股票型基金。

偏股型基金是以投资股票为主的基金，其股票投资占资产净值 80% 以上。一般年收益 20%，也可能会亏本。由于股市本身的高风险性质，这类产品风险也相对较高。

第五类，高风险的理财产品。这类理财产品主要包括股票、期权、黄金、艺术品和 P2P 等。一般需要投资者有专业的理论知识、丰富的投资经验、敏锐的市场分析判断能力才能在这类投资中取得成功。进行投资之前，投资者先进行必要的学习，然后小额投资，去市场中实战，总结经验，等熟练掌握后再去加大投资。

总之，投资者在进行理财前应先评估自身的可承受风险水平，并深入了解准备投资的产品。对于不熟悉的产品，可向相关领域专业人士进行咨询，避免片面追捧理财的高收益率而造成损失。

不可不防的投资陷阱

2016 年 8 月，一款"黑科技神器"刷爆朋友圈。我国自行研发的"巴铁"，在我国北方某市进行了启动路试，包括刹车距离、摩擦系数和耗电等项目。据说，"巴铁"完全用电力驱动，可缓解环境污染问题。总设计师说"巴铁"能在一年到一年半之内投入运行，并且许诺给投资者10%—13%不等的年收益。最后发现，该"巴铁"项目由某P2P理财公司运作，其总设计师只有小学文化水平。

"巴铁"其实是拿着实体项目，还有所谓的尖端科技来忽悠人。"巴铁"项目也没有得到权威机构的认可。2017年6月底，因涉嫌非法集资，"巴铁"一号投资方某P2P理财公司的32名成员被北京警方刑事拘留。

近年来，随着经济的发展，人们手里的闲钱越来越多，投资理财也越来越多地走入普通大众的生活。骗子们改变自己的行骗方式，把目光转移到投资理财这里，甚至把自己伪装成"高大上"的投资平台。我们身边也经常看到和听到某某公司跑路了，某某公司被查了。在这个鱼龙混杂的环境下，我们投资时一定要理智冷静，不要掉进骗子的"陷阱"。

这些投资中，常见的陷阱你知道几个？理财的"圈套"屡试不爽，你是容易上当的人吗？知己知彼，才能跨过一个又一个的陷阱。下面让我们盘点一下常见的投资"陷阱"。

骗局一：承诺高回报的投资。

承诺高回报的投资，一般有两种情况。

第一种是你想要多少利息的都有。当给你介绍的年收益率是20%时，你说好少，能有30%吗？对方答，有。再继续追问，有50%吗？对方沉思很久，这是我们公司内部的数，你不要跟别人说，我给你争取一下。这种承诺是无止境的，当然也永远没有兑现的可能。不过这样的高利息，容易被理智的投资者或专业人士识破。

第二种是高额但合理的回报。美国的麦道夫是前纳斯达克主席，也是美国历史上最大的诈骗案制造者，他操作的"庞氏骗局"诈骗金额超过 600 亿美元。他承诺每年给投资者 10% － 17% 的稳定回报。这个回报听上去真实可靠，可是投资者们不知道的是自己的本金不是用于进行有效的投资，而是用来给以前的投资者发回报。

这类投资陷阱就是抓住投资者"一夜暴富"的赌徒心理。大家投资之前一定要明白，高收益对应高风险，任何说自己的产品投资收益高，却一点风险都没有，或者风险很小的人一定都是骗子，不要相信，永远要记得"天下没有免费的午餐"。

骗局二：将要上市的原始股。

原始股是指公司上市前发行的股票。看看阿里巴巴，看看腾讯，如果当时能买到他们的原始股，那么现在肯定已经实现财务自由。在大家眼中，一旦公司上市，原始股的持有者就能获得几倍乃至几十倍的高额回报。但是对于普通人来说，购买原始股的机会几乎是零。

对于这样暴利又稀缺的工具，骗子们当然要利用了，原始股的陷阱非常多。有"空手套白狼"型的，说自己有特殊的关系，可以买到某某将要上市公司的股票，那个公司的名气、实力都非常大，你觉得那个公司挺靠谱的，但是那个人其实根本什么都没有。

还有烂摊子型的原始股。骗子真的能买到原始股，但是公司能否上市，这是个未知数。后来公司终于上市了，你持有原始股，但是也傻眼了，因为原始股需要在公司上市一年后才能转让，存在着流动性风险和股票价值风险。如果公司不好、效益不好，那么亏损都是有可能的。真正好公司的原始股，那些投资大鳄想投资都受到限制，还能轮到你吗？真的要投，想了解该公司的实际情况怎样再做决定吧。我们买一件衣服还要货比三家，何况是买股票呢？

骗局三：所谓的内部消息。

一些算命先生总是对你说：信则有，不信则无。然后立刻补充一句：宁可信其有，不可信其无。内部消息也是一样。从一些新闻报道事件来看，人们不仅相信有很多内部消息存在，也相信依靠这些内部消息可以赚钱。这类消息多以上市、重组为主。

如果平白无故出现一个说是该公司内部人员的人。先不说这位内部人员可能是假冒的，即使是真的，他掌握的消息又有多可靠呢？内部也有很多内幕消息，不是人人都能知道那些真正有用的信息。如果你和那个公司的关系八竿子打不着，连你都知道了的消息能是内幕消息吗？

还有一些利用内部消息行骗的人。他们声称有某些公司的内部消息，向你推荐某些股票的趋势，结果第二天一看，真的跟他们预测的一致，于是你就相信了。这就是行骗的开始，然后就让你转账办会员，等你钱转过去后就没有然后了。

骗局四：不赚钱就退款。

"高收益、低风险还保本，获取远超平均水平的高额利润。但你放心，这款是保本产品，安全无风险。万一不赚钱，保证你全额退款。对于这样保本的投资，你还有什么好担心的？快点多投些，时间有限，售完就没了，抓紧吧。"虽然我们都想有这样收益高又保本的产品，但是"理想很丰满，现实很骨感"，这是不存在的，还是理智去投资吧。

骗局五：网络理财。

经常以"天天返利""保本保收益""收益可达20%以上"来吸引广大投资者，说是为投资者购买原始股等有价证券来行骗。其实就是把现实中的骗局融合在一起，放到了互联网上，通过P2P平台来行骗。

投资的道路上陷阱一个接一个，我们只有保持冷静的投资心态，不贪便宜，始终记得收益越大风险越大，才能躲过一个又一个陷阱。

在买之前就知道何时卖

2000 年，伯克希尔公司，卖掉了其持有的一大部分迪士尼的股份。当别人问巴菲特为什么要卖掉这只看起来很好的股票时，他模糊地说："我们对这家公司的竞争力特征有一种看法，现在这个看法变了。"

很明显，迪士尼迷失了自己的主方向。它不再是那个制作像《白雪公主和七个小矮人》这样的永恒经典的迪士尼了。它在网络繁荣中挥金如土，把大量资金投入像 Goto.com 搜索引擎的网站中，并且购买了一些像搜信这样亏损的公司。它的首席执行官迈克尔·艾斯纳的爱好让巴菲特感到不安。迪士尼已经不再符合巴菲特的标准，所以他卖出了大部分迪士尼的股票。

在投资中，不管你花了多少时间、心血、精力和金钱，如果购买之前没有明确的退出策略，一切都有可能化为乌有。市场上行情瞬息万变，你一犹豫，所有的努力都会付诸东流。作为理性投资者，投资之前一定要明确什么时候该卖出，并且严格执行。也许这样操作下来，你不能每次都获得最大收益，可是能规避很多风险。前面我们也强调了投资的首要任务是保本，并且知道如果亏损，需要更大的收益才能弥补损失。如果把时间延长，我们会发现这个好习惯会让我们受益匪浅。

看看那些失败的投资者，很少在事先确定止盈止损的原则，也就是说当投资收益涨到多少，或者跌到多少就卖的原则。常常因为担心小利润会转成损失而匆匆出手，或者为了把亏的钱挣出来，即使损失很多也不愿放手，于是在该挣钱时没挣到，不该亏钱时也亏了。那些成功的投资者，都是在买之前就想好了退路。

比如股票的投资获利，我们都知道就是低买高卖。买入股票时，我们可能是逢低买入，也可能是突破盘整买入。大家通常在买的时候都非常重视，可能受了亲人朋友推荐，或者看了电视、新闻、股吧的信息而买入。但是买进之后，什么时候卖却没人提醒。

有的股票估值过高，或者基本面转向坏的方向，那些大股东已经偷偷离开。他们不但不会通过媒体提示大家，还会希望把这消息隐瞒得越久越好。普通投资者一般意识不到什么时候是最佳的卖出时机。就像我们买房时，开发商只会到处宣传买房，没有一家开发商提醒你什么时候卖房。

大多数人都是非理性的。当股票上涨时，都会想"如果再多涨点我就卖"。买在最低点，卖在最高点，这在现实中几乎不可能，李嘉诚都还给接手的人留最后一个铜板呢。提前定好卖出的价格，当涨到这个价格时，就应该果断卖出。即使后来股票又涨了，也不要后悔。已经得到自己想要的利润了，就应该高兴。这次虽然涨了，下次呢，再下次呢？谁能保证不跌呢？见好就收，在投资上面是非常难得的一种品质，只有这样才会稳稳地攒钱。

当股票下跌时，会想"有跌必有涨"，继续持有，等着反弹。结

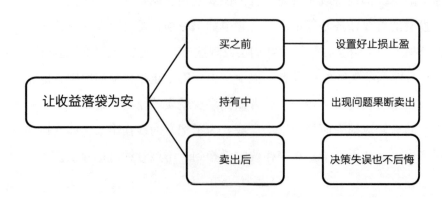

果股票过了阶段最高点，快速下走三十多点，最佳出手时机已经没了。这时把自己陷入了被动的局面，是卖还是继续持有都不好。错过了一个时机，可能就得等几年才会再遇到一个好时机。这种痛苦纠结只有体会过的人才知道。

那么正常情况下，我们该怎么确定好卖股票的时机呢？这个与我们在什么时机买入股票有关。

如果我们是追高买入的股票，这种股票绝对不能长期持有。如果买进价位不适合的股票，意识到以后就应该马上卖出。这种股票，一旦回落可能就是30%的下跌。如果再看错，可能1—2年，甚至更长时间都回不到买时的价位。如果不及时抛售，后市股市下跌，你将没有资金去买进价格更有优势的股票。追高就是离近期最低价位超过了15%，或者突破平台超过10%以上，或者两个涨停板以后。这个风险极大，初入股市者不建议追高买入。

如果买入后，通过股票基本面分析才发现，自己的买入是个错误，或者发现股票基本面突然发生大幅向坏发展。遇到这种情况，也应该马上抛售，不要太期待反弹。股市的机会很多，没有必要为了一棵树木放弃整个森林。那些发生问题的股票，后市要跌倒什么时候，真的不好说。我们不是赌徒，投资不等于投机。

如果购买的股票，因为业绩增加或者产品热销产生利好，被一些内幕资本提前知道，引起股价上涨，并且股价已经到了相对较高的位置，这时你要明白，在利好公布前，那么利益资金已经想好了撤离。如果你撤得太晚，就会在高位被套，尤其是那些突发性的利好，短时间内引起股价飙升，这时要及时出手。当公司出现公开利好时，赶紧考虑该股是不是只是一个阶段性的高点；如果是，要及时卖出或者减仓，以防被套。

假如投资的股票遇到以下几个情况，要考虑是否要全部抛售：公司的估值已经很高，后期利好可能已经没有，累积的获利盘资金非常明显。

假如投资的股票有以下的情况，可以继续观望：公布的利好，对公司的未来营收有大幅增长的潜力，这个市场没有预计到；股价还没有明显上涨反映这些利好信息。

假如股票没有明显可以解释的原因，股价明显上涨，这个原因可能是整个股票指数上涨，可能是所在行业受市场追捧，或者公司有潜在利好被内幕资金或者公司员工知道，或者完全是庄家的"自弹自唱"。

当股票明显上涨时，那些获利资金，包括内幕资金都会逐渐套利退出。这时你也要随他们一起抛售。

有一些投资者喜欢在一些利好公布后，股价大涨后，去买这只股票，这个时候买了就是替主力买单，千万不要此时买进。

一个成功的投资者不会被任何情绪影响，不会只关心在一笔投资中赚了多少或者赔了多少，他能严格遵循买之前设定好的买卖原则。当达到自己定下的原则时，就买进或者卖出。只有明确自己的投资原则，才能摆脱紧张，才能理智投资。

看清止损与止盈

如果有一天，你一条胳膊被老虎给咬住了，你是选择与老虎搏斗，还是舍弃自己的一条胳膊，然后逃生？在投资中，我们常常会遇到这样的"老虎"，经常被咬住胳膊，这时候你需要断臂来保全自己，虽然很疼，可是毕竟命还在。这就是"止损"的意义。

有一个人，他设了一个诱捕麻雀的圈套，用米粒把麻雀引入一个支起的网下。他本想等有15只麻雀走到网下后，就在远方通过开关把网放下，不过这样操作后，外面的麻雀就会被吓走，他这次就只能抓这么多了。一天他在诱捕麻雀时，走进网里的有15只了，不过从边缘看起来，至少还有五六只感觉要进入，"再等等吧，今天可能捕到更多。"

等那几只进去后，看起来又有好几只要进去，于是又等。在等的过程中，已经有好几只麻雀走出了大网。"早知道我刚才就拉网了，哎，如果还有这几只进去，我就拉网。"这时外面的麻雀进去了两只，可是网里的却又出来6只，网里的麻雀越来越少，再拉网感觉也不甘心，本来可以抓到更多，可是现在却越来越少。

当他还在犹豫不决时，剩下的麻雀都跑出来了，最后落得两手空空，除了浪费时间，还把自己的米都损失了。这就是"止盈"的意义。

在投资中，止损就是投资跌到你能承受的最低价位时，断然卖出，停止损失。止盈就是你计划盈利多少，比如10%或20%，当涨到这个点位时就卖出，以后再涨也与你没关系。投资人如果根据自己的判断系统，冷静做到止损止盈，一般还是能赚钱的。可是由于人的贪心，大多数人都做不到，所以在投资市场中，赢得少、亏得多。

在投资市场上，我们无法提前知道最高点、最低点，那些所谓的拐点，只是等过去之后才知道。不要迷信那些投资专家的预测，他们很多预测都是自相矛盾的，提前设置好自己的"止损止盈"点，到了就买或者卖，不要因为市场的变化而随意更改，原则只有坚持才能看到效果。

止损和止盈在本质上是一样的，当趋势朝着与你预期相反的方向运行时，你必须及时采取行动，把形势控制在自己能够承受的范围之内。市场变化莫测，没有谁会永远判断正确，很多突发的事件会改变之前预测的趋势。尤其现在世界越来越紧密，可能大西洋的一个撞船事件，就能把某些投资的前景毁去。如果不能学会如何面对失败，把自己的损失降到最少，那么未来你将付出更大的代价。

在投资中，即使你非常有把握，也必须设置一个止损点。止损点是我们最后的保障，也是我们重新再来的希望。如果你不想自己的投资之路走向终结，那么就设置好你的止损止盈点吧。

既然设置止损点和止盈点能让我们减少风险和保持收益，那么在股票投资中该如何正确设置止损止盈点呢？通常有以下三种方式。

1. 根据比例来设置

对于止损来说，当股价下跌到一定时候，我们就要砍价出仓。当股价跌幅达到一定比例时，比如，跌幅达到10% — 15% 即砍仓，比例大小需要根据市场状况及自身经济情况和心理所能承受的能力来决定。

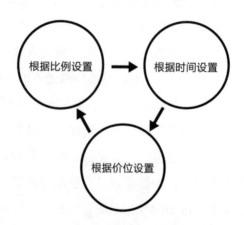

对于止盈来说，假设 10 元买的股票，它上涨到 12 元，可以设定一个股票在回调 10% 的止盈点。假如股票从 12 元回调至 10.8 元，就出来。如果没有回调股票，一直在涨，就一直拿着，同时修正止盈点，使自身利润接近最大化。

2. 根据价位来设置

对于止损来说，当股价跌破某一价位时，如 10 元买进的股票跌破 8 元，就止损出仓。

对于止盈来说，比如 10 元买的股票，当它上涨到 12 元时，就设定如果它跌破 11 元就出仓，这就是止盈点。如果它不仅没有跌到 12 元，还上涨到了 13 元，就重新设定它的止盈点是 12 元。一点一点逐级抬高标准，锁住自己的利润，才不至于因提前出仓而后悔。

3. 根据时间来设置

当股票到达某个时间点时，无论价格在何处都出仓，这是从利益分析法中总结出来的方法，无论止损止盈都适用。当然这种方法需要结合行情趋势，即当时间走到某一关键点，疑似一个上涨周期完成的情况下及时出仓。

比如，当股票到达某个敏感点、事件点时，无论价格在何处，都出仓。如果你买了苹果相关的股票，那么苹果手机的发布会就是一个时间止损点。也就是说，在苹果发布会的最后一个交易日，把拥有的苹果相关股票卖出。

设置止损止盈是我们投资中重要的步骤，对整个投资的成败都有直接的影响。我们不是为了机械地执行而去设置，而是为了避免行情出现大幅异常波动而无法控制亏损才设置的。

在设置止损止盈之前，需要进行深入分析，将前期的走势做一个综合的判断，包括方向判定、时机选择。但是市场往往具有不确定性，这给我们的判断带来失误的可能。为了预防小概率事件的发生，避免灾难性的损失和能够达到盈利的最大化，设置止盈止损非常必要。

制胜习惯：即刻行动

　　1974 年，"水门事件"爆发时，乔治·索罗斯正在打网球。忽然，他的电话响了，是他东京的一个经纪人打来的。他告诉索罗斯，因为"水门事件"，日本市场都处于紧张不安中，让他立即做出指示。

　　当时，索罗斯在日本有价值数百万美元的股票。索罗斯经过短暂的思考之后，立即就向他的经纪人下达了指令——全部清仓。不久，日本股市大跌，索罗斯因为自己的快速决定而避免了损失。

不要看这些投资大师做决定太快，觉得他们的决定轻率。其实早在决定在日本投资之前，他们已经考虑好会遇到什么事件、该怎么处理，他们早已了然于心。到真的遇到一些突发事件，他们才能在最短的时间，做出最有利的选择，让自己的损失降到最小。有时，犹豫不决就会造成无法挽回的损失。

　　我们经常听到有人说："当时这里房价才 1000 多元，想等等再买，后来突然涨到我买不起了。如果当时买了，现在单单收房租也够生活了，哎……"

　　现在即使后悔得要死也没有办法。巴菲特说："一旦发现了某些有意义的东西，我们会非常快地采取非常大的行动。"就是说，只要找到符合投资原则的投资对象，就要即刻行动，没有什么可犹豫的，买卖只是一个收尾的动作而已。那些没有明确投资原则的投资者，因为无法衡量自己选的是否正确，因此犹豫不决，最后坐失良机，"千金难买早知道"。

如果它明天还降呢，我不就买贵了？如果还有比它更好的投资呢，我不就没钱投了吗？如果选错了，怎么办？

投资虽然只是简单的买进卖出，但里面却蕴含很高深的技巧。想成为一名成功的投资者，就一定要养成一系列好习惯。就像如果我们想要健康长寿，就要养成早睡早起、合理饮食、适量运动等好习惯一样。

好的习惯虽然不容易养成，中间的改变将伴随痛苦和难受，但是为了我们投资的终极目标——盈利，就必须要坚持下去。也许坚持一段时间，不一定能看到明显的效果，有时还会因为坚持这些习惯而错失一些机会。可是相信像巴菲特那样的投资大师，他们之所以是大师，就是因为他们坚持了自己的原则——即使错过，也绝不改变。

比尔·盖茨曾说："想做的事情，立刻去做！当'立刻去做'从潜意识中浮现时，立即付诸行动。"从想做的事情开始，即刻行动，不要犹豫。养成习惯，当机会出现时，你就能紧紧抓住它。

即刻行动不仅用在投资的事情上，我们人生的每一阶段都需要。人的一生短短几十年时间，即刻行动能够提高我们的效率，让我们在短暂的一生实现更多的梦想，帮助自己做应该做却不想做的事情。对不愉快的工作，不再拖延，抓住稍纵即逝的宝贵时机，才能实现梦想。

在决定投资理财那一刻起，我们就定下目标，明白自己赚钱的目的。给自己的投资定阶段性的目标，事先规划出自己赚到钱了该如何花，亏了钱会不会影响自己的生活。每达成一个阶段目标，就给自己一些奖励，享受来自投资的乐趣。兴趣是最好的老师，有了兴趣后，你会发现投资的乐趣不仅仅是金钱上的增多。

投资中的制胜习惯，除了即刻行动，还有很多。我们需要慢慢让它们变成我们天生的习惯，融入我们的每一次思考、每一次决策之中。只有这样，我们才能在投资的路上越走越稳、越走越快。

1. 开发自己的个性化选择、购买和抛售投资系统。如果已经有了自己的系统，那么就在市场中检验，从实践中总结经验，完善自己的系统。

2. 自己去调查。不断地寻找符合自己投资标准的机会，积极进行独立调查研究。不要轻信任何人，包括专家的说辞。任何疑问，都要由自己去调查取证。就像给自己买房子住一样用心地去挑选，能规避很多投资陷阱，发现很多投资的新机遇。

很多人投资之所以总是被骗，最后亏损，主要原因是他们总想一夜暴富。于是跟随一个又一个"风口"，结果累得要死，又没有挣到什么钱，有的反而还赔了更多钱。

3. 有无限的耐心。当我们找不到符合标准的投资机会时，需要耐心等待，直到发现机会。或者我们根据自己的正确原则选到好的股票时，要耐心持有。有时一只好股票要等两三年才能等到大涨的时机。

4. 承认自己的错误，立即纠正它们。没有人不会犯错，有时因为自己思维的局限性，或者知道的信息片面且局限，经常会犯下错误。在发现错误的时候即刻纠正它们，避免遭受大损失。不忍放弃赔钱的投资，总是希望涨上来，结果会遭受更巨大的损失。

行动就会有结果，即使是一个差的结果，也比没有结果强！"不积跬步，无以至千里"。完美的结果，永远要靠长期努力的坚持。不要犹豫，即刻行动，否则机会就会长翅膀飞走了。

第二篇

你是哪种理财者

第一章
了解投资工具，心中有谱才不慌

储蓄：看看理财达人的存单

每到月底，常常听到有人在诉苦——"哎，又没钱了！""不是才发工资没多久吗？""是啊，工资发下来还了花呗、白条、透支卡后本来就剩不多了，哪里能挺到再发工资的时候。""你都没有储蓄吗？""没钱怎么存钱？每个月要吃饭、租房、应酬朋友、交通、衣服等基本就'月光'了。"

很多刚入职场的新人都会有这样的感觉，每个月工资还没发下来就已经把工资的去处安排好，工资刚发下来没几天就花得所剩无几，然后又开始各种透支，下个月发工资后再还，然后钱又是不够花，这样周而复始，钱总是不够花。有人会说，我工资太少，等我涨工资了，我就能存下钱，情况果真如此吗？

王超刚参加工作不久，在三线城市工作，每个月工资四千多元。虽然公司给他提供了免费宿舍，可是他不想住在公司，于是就在外面租房，每月房租一千多元。王超平时还爱睡懒觉，上班来不及的时候只能打车去公司，每月打车费就要四百多元。他平时还喜欢吃，并且只吃贵的东西。

他的生活理念是年轻就要享受，"今朝有酒今朝醉"，不去想以后。如果现在为了存钱，这也省那也省，那活着还有什么意义呢？

可是天有不测风云，一次王超突然得了急性阑尾炎，被送医院后说要立即做手术。但因为他平时基本不存钱，手术费都凑不够，不得已才打电话给自己一个也在这个城市工作的同学。同学给他交了手术费，又请假来照顾他。

在病房没事时闲聊，王超问他同学："你现在存了多少钱了？"

同学答道："从毕业到现在半年存了一万多元。"

"存那么多了！你工资不是每月三千多元吗？"

"对啊，但是我现在吃住都在公司里，花得比较少，每个月工资发下来就去银行存2000元，存一年的定期，以防止自己随时取出来花。现在我已经有六张一年的定期存单，准备存够12张存单，其他剩下的钱没花完的就存在余额宝，方便随时使用。"

"那你天天过得不辛苦吗？"

"还好吧，没觉得难受，在我们刚开始没有资本时，除了节省，也没有别的办法。"

"可以找一份高工资的工作。"

"刚毕业能力没有提上去，谁给你高工资，再说，像你工资倒是不少，可是不存钱不也一样没钱？"

"也是啊，我得跟你学习存钱法，不能再这样下去！"

储蓄是一种生活态度，哪怕挣得再少，也必须养成储蓄的习惯，钱少可以从每月最低 100 元开始，让储蓄成为每月生活中必须要完成的事情。有了好习惯，配上储蓄的小窍门，让我们的钱生出更多的钱来，看着每个硬币在拼命搬回更多的硬币，是不是很开心呢？积少才能成多，随着时间的延长，会有越来越多的钱为你打工，那时你就不用再为别人打工了。

如何让钱每天不停地为你工作？我们看看储蓄达人们都用什么方法存钱。

第一种是阶梯式存储法。公司的会计小李虽然毕业没几年，可是依靠自己平时对数字的敏感，已经攒下 9 万元的闲置资金。她的目标是把 9 万元变 10 万元，给自己以后结婚用。她把这钱分成了 3 个不同期限的存单，2 万元存了一年定期，3 万元存了 2 年定期，4 万元存了 3 年定期，1 年后将到期的 2 万元存单再转为 3 年期，2 年期的到期后也转为 3 年期，以此类推。

这样的储蓄每年都会有一张存单到期，并且利息相对来说比较高，3 年后所有的存单全部为 3 年期，这样可以方便应对银行利率的调整，获得 3 年存款较高的利息。虽然收益没有别的投资那么多，可是收入稳定，并且基本没有风险，更不用花费什么时间和精力去打理。

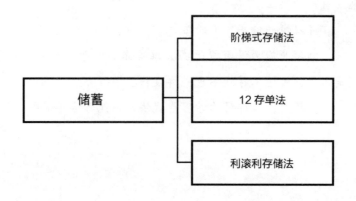

第二种是 12 存单法，就是本节上例王超使用的方法。每月固定存入一笔钱，所有存单的存期一样，就是到期日期相差一个月，这样既能养成储蓄的习惯，也能灵活储蓄。如果着急用钱，可以随时支取，避免了把钱都存在一张存单到时都取出来而损失利息。现在网上也有很多每月或者每天定投的理财产品，总是管不住自己花钱的"剁手"人士可以用这个方法养成随时储蓄的习惯。

第三种是利滚利存储法。这种方法是存本取息与零存整取的完美结合的一种储蓄方法。如阿娇有 5 万元的存款，去银行办了 5 万元的存本取息，一个月后去银行取出利息，另外开了一个零存整取的账户，以后每月都把利息取出存入这个零存整取的账户。这样虽然麻烦一些，可是能获得两次利息。不要小看这点利息，随着时间的延长和基数的增大，它的收入可是会越来越多的，哪天一定会给你一个意外惊喜。不爱跑银行的人可以直接存在余额宝，它的收益就是复利模式，直接手机操作方便快捷，不过现在最多限额 10 万元。

储蓄的方法还有很多，不过最重要的是你要养成储蓄的习惯，没有资本，一切都是纸上谈兵。为了未来美好的生活，从现在开始努力管住自己，好好存钱吧。

证券：炒股有风险，入市要谨慎

2007 年年初，从未炒过股的许安，在同学炒股赚了 10 万元的鼓动下，也开始了炒股。当时上证综指还不到 3000 点，他同学坚称，随着奥运会的临近，股市肯定能到 6000 点，周围炒股人也都这样认为，只要随便买个股票都会涨。

许安初步试验，果真这样，于是在股市开了户，把自己这些年赚的钱都投了进去。许安一直认定自己是个理智的炒股者，相信炒股制胜的法宝有四：一是有内幕消息，二是打到新股，三是别把鸡蛋放到一个篮子里，四是见好就收。他也一直这样执行。

在一次炒股微赚之后，总结经验，觉得赚得少是因为自己本钱太少，于是借钱追加本金。他频繁地在买卖股票，每股在手上停留的时间不超过3天。在不停"割肉"后，有的股票上涨很多，可是他都没有等到。期间他也不断学习总结，可是大多情况下，他买进股票就开始跌，卖出就开始涨。同事都打听他把什么股票卖了，这样他们好买。

这一年还是大牛市，许安24万元的积蓄和借款缩水不到7000元。入市之初，他根本就没有预料到这样的结局。

"一赚二平七亏"是股市的铁律，看看身边炒股的朋友，也是亏钱的朋友多，挣钱的朋友少，即使在大牛市，也不是人人都能赚钱。

股票市场是商品经济、信用经济高度发展的产物，股票的价格具有很大的波动性和不确定性。想要准确预测难度很高，所以股市风险比较大。入市之前先了解股市中的各种风险，提高投资的风险意识，增加防范风险和承担风险的能力，让我们在价格波动的时间依然坚持自己的看法，不受外界的影响。

一般情况下股市会有以下风险。

1. 系统性风险

股票市场是"国民经济的晴雨表"。一个国家宏观经济的好坏、财政政策和货币政策的调整、政局的变化、汇率的波动、供求关系的变化都会引起股价的波动，这种影响整个市场价格的风险就是系统性风险。

如果股市内部矛盾累积到一定程度，因为某个偶然因素引起股价暴跌，进而引起经济的巨大动荡，从而给社会造成巨大的损失，股灾就爆发了。2007年5月30日凌晨，财政部宣布上调印花税从千分之一提到千分之三，当天A股开盘暴跌，短短一周之内让沪指从4300点一路狂泄至3400点，众多股票连续遭遇3个跌停板，导致广大投资者因猝不及防损失惨重，这就是"5·30事件"。

系统性风险对股市的影响面大，一般很难用市场行为来化解。不过那些精明的投资人可以从政府公开的信息，结合对国家宏观经济趋势的判断，提前预测和防范，调整自己的投资策略。

可见作为投资人，不仅仅是把股票买到手就坐等股票去升值那么简单，那样的好运，你能每次都遇到吗？为了规避投资风险，还是要勤于学习，紧跟国家的政策，不要做"两耳不闻窗外事"的投资者。即使是股神巴菲特，在他还年轻时就读遍了书店所有股票方面的书籍，对于好的书都读三遍以上，直到现在已经八十多岁了，每天依然保持阅读的习惯，没有随随便便的成功，所有的成就都是用努力换来的。

2. 非系统风险

非系统风险是指对单个股票或者某类股票发生影响的不确定因素，比如公司的经营管理、财务状况、市场销售、重大投资等因素。它们的变化都会影响该公司股价，这种主要影响某一证券而与市场中其他证券没有直接联系的风险被称为非系统风险，根据成因不同又可分为四类。

（1）经营风险：主要指上市公司因为决策人员和管理人员在经营管理过程中出现失误而导致公司经营不善，甚至倒闭，从而给投资者带来损失。例如，项目投资决策失误，没有对投资项目作可行性分析就匆匆开启，结果投资失败。还有就是不更新公司的技术，在竞争对手都把自己的技术升级后，自己仍然固步自封，结果导致在行业中竞争实力下降，最后被淘汰出局。

诺基亚曾经是全球最大的手机生产商，2000年，诺基亚的销售收入占芬兰GDP的4%，出口占14%，曾一度占全球手机市场份额的40%，股票价格一度超过2000亿欧元，成为欧洲最大的上市公司。然而就在诺基亚还沉浸在过去的成就和以自我为中心的高新技术产业群时，危机已经来临。在智能手机领域，诺基亚是先驱，面对苹果手机的推出，没有判断出未来手机的趋势，一直建立自己已经过时的塞班系统，最后痛失自己在手机市场老大的位置，导致直到现在，诺基亚每股的股价都没有超过10美元。

（2）财务风险：指公司财务结构的不合理或公司因筹措资金不当而使公司丧失偿债能力的风险。公司的财务风险主要表现为无力偿还到期的债务和利率变动风险。造成财务风险的主要因素有资本负债比率、资产与负债的期限、债务结构等因素。公司高负债经营时给公司带来了沉重的负担，如果公司盈利差，无法消化这些费用，导致财务费用严重膨胀；反过来，公司每年不得不付出巨额财务费用，又进一步减少公司的盈利，从而陷入了恶性循环，导致风险越来越大。通常，公司的资本负债比率越高、债务结构就越不合理，其财务风险越大。

（3）信用风险：也称为违约风险，指不能按时向证券持有人支付本金和利息而使投资者造成损失。违约的直接原因是公司的财务状态不好，严重的就是公司破产。

（4）道德风险：指上市公司为了维护自身的利益，隐瞒公司的经营状态或者故意散布虚假信息等来达到发行上市或者骗取投资者的目的。

对于非系统风险，投资者多学习证券知识，多了解、分析、研究宏观经济形势及上市公司运营状况，增加自己的风险防范意识，掌握抗风险的技巧。

3．交易过程风险

指投资者自己不慎或券商失责导致股票被误买误卖、资金被冒提、保证金被挪用的风险。

对于此类风险，投资者选择一家信誉好的证券营业部，妥善保管好自己的交易密码、资金账号、股东代码、身份证等个人信息，不要将交易密码告诉别人，即使是证券公司的人也不行，并且经常查询自己拥有股票的公告及资金账户。

在股市中还有很多其他的风险，投资者自己在投资过程中小心谨慎，不要匆忙下结论，没有弄明白时，即使错过也不要匆忙买进，在投资之前要明白"钱是赚不完的，但能亏得完"。

国债：既济国家又富自己

李阿姨一大早就要外出，儿子问她出去那么早干嘛。"买国债啊，今天国债要发行了，我去银行买点。"儿子说："妈，你现在太落伍了，还买什么国债啊，理财产品那么多，利息也比国债高。"李阿姨不悦道："你知道什么啊，那些理财产品虽然利息高，但是风险大，妈现在主要是要没风险的理财。再说妈现在退休了，也不能再为国家建设作贡献，我买国债，也是为国家经济贡献自己力所能及的一点力量。"

国债又称国家公债，是国家以其信用为基础，按照债券的一般原则，通过向社会筹集资金所形成的债权债务关系。国债是由国家发行的一种债券，是中央政府为筹集财政资金而发行的一种政府债券，是中央政府向投资者出具的、承诺在一定时期支付利息和到期偿还本金的债权债务凭证。

国债的发行主体是国家，所以具有最高的信用度，已经成为老百姓心中"最靠谱"的理财方式之一。在降息的周期下，普通人的投资回报率越来越低，但是国债的利率相对来说还是很稳定。

虽然现在互联网金融业的利率也不低，可是风险还是比国债高，三到五年后，谁知道利率会不会降呢？而买了国债则安心很多，也不用再多费心，到期去兑就可以了。并且投资国债除了获得稳定的收益还能依靠自己的力量为国家的发展贡献出一份微薄的力量，这种既名利双收又省心的理财方式很受大家的欢迎。

既然投资国债，我们也要大致了解一下国债的发展历史。中华人民共和国成立后，我国国债的发展经历了三个主要阶段。

第一阶段（1950—1953年）：期间我国发行了总价值约为302亿元的"人民胜利折实公债"，目的是保证仍在进行的革命战争的供给和恢复国民经济。

第二阶段（1954—1958年）：分五次发行了总额为35.46亿元的"国家经济建设公债"，目的是进行社会主义经济建设。

第三阶段（1979年后）：从1981年起重新开始发行国债，目的是克服财政困难和筹集重点建设资金。在这期间，我国国债市场产品创新和交易机制越来越完善。中国债券市场经历了曲折的探索期和快速的发展阶段，现在已经形成银行间市场、交易所市场和商业银行柜台市场三个基本子市场在内的统一分层的市场体系。目前我国债券市场正日益走向成熟和壮大。

国债按使用用途不同，可以分为赤字国债、建设国债、特种国债和战争国债。特种国债就是指为了实施某种特殊政策在特定范围内或为了某种特定用途而发行的国债。

国债的发行价格有三种：平价发行，就是发行价格等于其票面金额，国债到期时，国家依据此价格付本付息；折价发行，就是发行价格低于债券票面价格金额，债券到期时，国家按票面价格还本付息；溢价发行，发行价格高于债券价格，债券到期时，国家只按债券票面价格还本付息。

购买国债时要清楚自己买的是哪一种。

目前，我国发行的国债主要以凭证式国债和电子储蓄式国债为主。

凭证式国债是以国债收款凭单的形式为债权证明，可以记名、挂失、不可上市流通转让，可质押贷款，该国债采用的是一次性还本付息，不计复利。假如你买了5万元期限为5年的国债，利率为4%，那么5年后可以一次性拿到本金及利息共计6万元。

另外，购买的伙伴要注意，国债到期后，需投资者持收据凭证前往柜台办理，如果忘记了或者没时间去，超期的时间是没有任何利息的。不过在购买时我们可以跟银行签订协议，委托银行在国债到期时为我们办理兑付手续，同时将国债投资资金到期后直接转到储蓄账户，可以得到储蓄利息。

电子式储蓄国债是以电子方式记录债权的不可流通的人民币债券，它只面向境内的中国公民，企事业单位等机构是不能购买的。电子式债券每年付一次利息，最后一年支付本金。这个到期后，银行会自动将本金和利息直接转入我们的资金账户，十分方便。

目前网上还有国债逆回购这一短期贷款，也就是说，个人投资者通过国债回购市场把自己的资金借出去，获得固定的利息收益。而回购方，也就是借款人用自己的国债作为抵押获得这笔贷款，到期后还本付息，交易所作为交易的监管方。

这个投资的优点是收益高，国债逆回购收益率高于同期银行存款利率水平，尤其是在月末、季末、年末和节假日，资金面紧张，尤其是这段时间的周四一般利率会超过10%，并且安全性高，成交后不再承担价格波动，不存在资金不能归还的情况。

这个投资还有流动性好，资金到期自动到账的特点。它用股票账户就能操作，打开股票交易，点击卖出（购买点击卖出这个是规定），输入代码和交易数量，完成交易。它虽然是一次委托交易，实际产生两次成交，买了之后不用再卖，时间到了就自动卖了，钱自动回到账上，自己判断，等年化利率高的时候再去操作。

基金：和基金一起成长的投资者

"如果我有一百万元存款就好了！"很多人这样感叹。是啊，如果想要靠存钱来攒够100万元，你需要每个月存下2777元，坚持30年，大多数工薪阶层的人们都无法做到，我们总是有这样或那样的突发事件，打断我们的计划。即使拼命坚持30年后终于能够攒够100万元，可是去掉每年的通货膨胀，你的100万元又能值多少呢？

如果从现在开始只要你拿出1元用来投资，并保证每年让你的资产翻一翻，1元变2元，2元变4元，4元变8元……20年后，你也能有 100 万元。"这怎么可能？"很多人无法相信 1 元在 20 年后居然能变成 100 万元，你自己动手算算就知道对错了。另外，也有人会说，怎么可能一直保证每年翻一翻，这是不现实的。投资做到 100% 确实有难度，但一般情况下，12% 是可以达到的。如果你的本金是 3.5 万元，年化收益率是 12%，那么 30 年后，你也会有 100 万元。

相比第一种你愿意选择哪一种？"可是我没有 3.5 万元，该怎么办呢？"如果一次拿不出那么多钱，你可以坚持每月拿出 300 元进行投资，只要保证年收益 12%，30 年后也能有 97 万元。每月 2777 元不好拿出，可是每月 300 元，大多数人都能拿出来，或者每天 10 元进行基金定投，这样坚持下去就会有意外的收获。

说到投资，大家想到的可能是开店、开公司和买房子，可是这些都需要大笔资金，大多数人没有那么多钱，或者也没有这些方面的经验。还有人说还有股票、黄金、古董、艺术品等可以投资啊，可是对于没有专业技巧的人来说，这些投资的风险相对较大。那有没有风险小、投资少，也没有太多专业知识的投资产品呢？有需求就有市场，那就是基金。

基金是什么？广义上说，是指为了某种目的而设立的具有一定数量的资金。例如，信托投资基金、公积金、保险基金、退休基金及各种基金会的基金。不过我们一般所说的基金主要是指证券投资基金。证券投资基金是指通过发售基金份额，将众多投资者的资金集中起来，形成独立资产，由基金托管人托管、基金管理人管理，以投资组合的方法进行证券投资的一种利益共享、风险共担的集合投资方式。

根据基金单位是否可增加或赎回，可分为开放式基金和封闭式基金。以下介绍二者之间的区别，以方便投资时根据自己的实际情况进行取舍。它们的不同之处是：

第一，存续期限不同。开放式基金没有固定期，可以随时赎回；封闭式基金有固定的封闭期，一般为 10 — 15 年。投资者可根据自己资金的实际情况确认选择哪种。

第二，规模可变性不同。因为开放式基金没有发行规模限制，投资者可以随时提出认购或赎回，基金规模因此而增加或减少，但封闭式基金有基金规模，并且发行后在存续期内总额固定，未经法定程序认可不能再增加发行。

第三，可赎回性不同。开放式基金在首次发行结束一段时间（最长不得超过 3 个月），投资者随时提出赎回申请。封闭式基金在封闭期间不能赎回，挂牌上市的封闭基金可以通过证券交易所进行转让交易，但份额保持不变。

第四，投资策略不同。为了方便投资者随时赎回兑现，开放式基金在投资组合中都保留一部分现金和高流动性的金融商品。封闭式基金可以用来长期投资，基金资产的投资组合能在有效的预定计划内进行。

不论开放式基金还是封闭式基金，它们都是根据契约发行的。通过发售基金份额，将众多投资者的资金集中起来，形成独立资产，这样有利于积少成多，发挥资金的规模优势，降低投资成本。它们由基金管理人管理和运作，相对一些没有专业知识与经验的投资者，他们能更好地分析证券市场，让中小投资者也能享受到专业化的投资管理服务。

中小投资者因为资金量有限，无法进行分散投资降低风险，可是基金通常购买各种类型的证券。我们投资基金相当于用很少的钱购买很多种证券，有涨有跌，不至于有太大的风险，能享受到组合投资、

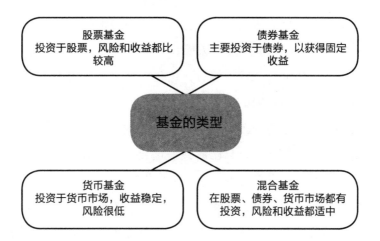

分散风险的好处。

　　基金如果按其投资对象不同，又可以分为股票基金、债券基金、货币基金和混合基金。股票基金：主要投资于股票，风险高，收益也高。债券基金：主要投资于债券，以获得固定收益，风险与收益比股票都小得多。货币基金：投资于货币市场，收益稳定，风险很低，像很多银行推出的理财产品以及支付宝推出的余额宝，腾讯推出的理财通都是货币基金。混合基金：在股票、债券、货币市场都有投资，风险和收益都适中。

　　大家可以根据自己的风险承受能力选取适合自己的基金，如果害怕风险，喜欢稳定的收益，那么就选择货币基金或者债券基金。如果有一定风险承受能力，偏爱较高收益，但不喜欢冒险，就选择混合基金。如果风险承受能力强，也想要高收益，并且喜欢冒险，就选择股票基金。

　　对于初入基金的投资者，首先不要想着挣大钱、快钱，先了解掌握这个市场，然后再想着挣钱。

　　首先，虽然基金是由专业人士在帮你打理，可是也要先弄清楚它的风险，并结合自己的客观抗风险能力，看看自己是否适合基金，如果全部亏完自己能否承受，不要做没有一点把握的事。如果什么都不知道，冒失进入，只能凭运气去撞，那就是投机，不是投资。

然后，对基金有一定了解后，选择一个大的正规的好平台，这个也是很重要的。不正规的平台有可能带来的是血本无归。不要偏信别人说的高收益，还有很多平台打着基金的幌子，实际就是骗子平台，选择前一定要仔细分辨，自己的钱一定要认真负责。有可能一次不成功的操作，毁的是未来再重新进入的信心。

接着，在遇到股市的波动比较大时，巧妙地将自己风险高的基金转化为低风险的基金，相对于卖出原有基金再买入新的，直接在原公司转换则能节约时间和成本。

最后，当你经过实践和实际操作的积累，已经形成自己的投资理念后，可以开始做长远的布局，选择一只或者几只基金做长期的投资，一般基金长期持有的年化利率要高一些。

期货：投资于未来的市场

2008年，李某在三个月内以940%的收益率获得A地举办的期货实盘冠军，人送外号"小李飞刀"，并且五次获得某报社举办的期货实盘擂台赛第一名。不过和任何期货市场的人们一样，他的道路也不是一帆风顺的，曾经也输得一无所有。

2002年，伦铜价在1300美元/吨，李某认真分析后判断这是一个历史低位，果断买入，获得了初入期货的盈利，也收获了信心，并且让贪婪的心快速膨胀。他当时判断铜价会回调，就想再多挣一些，把收益最大化，既把上涨的钱挣了，也要把回调的钱挣了。于是他在满仓时又做空了伦铜，结果铜价没有回调，价格一路上涨，最后砍仓止损，本金也亏损不少。

投资期货最重要的是心态，一个成熟的交易手要冷静、忍耐、渐进、善待。冷静就是跳出局内，以一个旁观者的眼光和心态去感受市场，去看当前市场行情的波动，才能准确预测出未来的趋势。能在市场上生存下去的人，永远只做市场的观察者而不是企图去做市场的操纵者。

忍耐就是在没有行情的时候要耐心等待，耐得住寂寞，直到等到自己擅长的、把握非常大的熟悉的行情出现。忍耐就是在你做得不顺时能够静得下心来，平静看待亏损，明白那也是交易中的一部分，没有谁总是盈利而不亏损。只要把风险控制在自己的计划内就好了，可以在交易之前设定亏损和盈利的点，当超过预设定的点时就卖出，绝不贪心。

人都是贪心的，在盈利时，为了获得更多的收入，坚持持有，舍不得出售，价格降低后又希望价格再次回到原来的位置，最终本来该盈利的单子最后亏损了，这就是人的贪念。做期货，一定要克服这一人性的弱点，好好控制自己的心。

初入期货市场，首先想的不是怎么挣大钱，而是想好怎么少亏钱，永远把风险意识摆在盈利前面，循序渐进地深入。期货市场是一个没有硝烟的战场，通过对盘面的观察，洞察市场中其他投资者的内心，特别是大资金的目的，才能"知己知彼，百战不殆"。做期货，首先要做人，理解别人，与人方便，才能守住自己的所得，与人为善，不与人争。

期货与现货不同，现货是我们看得见的可以交易的货品，而期货

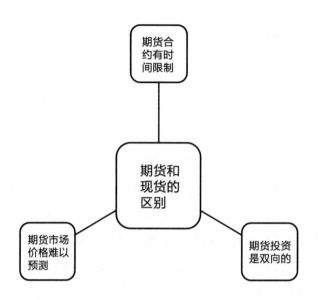

主要不是货，它是现在进行买卖，但是在未来进行交收或者交割的股票或者商品。期货是以某种大众产品如棉花、大豆、石油等及金融资产如股票、债券等为标的标准化可交易合约。期货的交收日期可以是一个星期后、一个月后、三个月后，甚至一年后。

在期货市场，交易者只需要按期货合约价格的一定比例缴纳少量资金作为履行期货合约的财力担保，就可以进行期货合约的买卖，每个交易市场收取的保证金不太一样。

初始保证金，是投资者新开仓时所缴纳的资金。他是根据交易额和保证金比率确定的，我国现行的最低保证金比率为交易额的5%。假如交易者想以2500元/吨的价格买入3手大米期货合约（每手10吨），则需要向交易所缴纳的初始保证金为3750元（即 $2500 \times 3 \times 10 \times 5\%$）。

当持仓过程中，大米的价格不断波动，那么保证金账户中的资金就会随时发生增减。浮动盈利将增加保证金账户的余额，浮动亏损将减少保证金账户余额。保证金账户中必须维持最低余额叫维持保证金。

当保证金账面余额低于维持保证金时，交易者必须在规定的时间内进行追加保证金，否则将被交易所或者代理机构强行平仓。当期货合约到期时，交易双方通过该期货合约所载商品所有权进行交割。

期货投资与现货交易相比有自己的特点，期货合约有时间限制，在合约到期前必须平仓，否则就要进行实物或者现金交割。不能无限期持有，不能像现货那样，等到盈利了再出手。期货投资是双向的，既可以先买后卖（做多），利用期货价格的上涨来盈利，也可以先卖后买（做空），利用期货的价格下跌来赢利，而普通商品交易只能买了以后才能卖，价格上涨才能挣到钱。期货市场的价格变化不确定，难以准确预测，并且期货风险和收益都放大，所以期货市场中一夜暴富的神话与一贫如洗的故事都在上映。

期货交易市场上没有常胜将军，只能在挣钱与赔钱的过程中寻找一种相对的攒钱方法。在不确定的因素中摒弃自己判断失误的可能性，任何的分析方法和技巧都只是提高我们赢利的可能，而无法保证我们不亏损。期货投资是高风险与高收益并存的投资，如果你没有强大的心理承受能力，建议还是去做别的投资。

第二章
了解实物理财，看见摸着最放心

黄金投资的利与弊

　　2007 年，在经历股市惨痛教训的小徐，决定退出股市，可是手里的钱也不能就那样放任它贬值，于是就选择了投资黄金。因为黄金能保值，从长远来看还是能挣钱的。于是小徐就把手里不用的钱全部买了黄金，那时她买的价格是 165 元每克。2011 年，黄金价格涨到 332 元每克时，小徐把黄金卖了，每克黄金挣了一倍多点。小徐感慨道："无心插柳柳成荫。"

　　很多人说，如果去了瑞典，一定要去苏黎世的班霍夫大街，那里是全球最有含金量的街道，它的地下是用金子铺的，走在路上体验金子被踩在脚下的感觉，是不是瞬间觉得自己富有起来呢？在瑞士黄金交易和进出口贸易不受限制，班霍夫大街上拥有世界最大的"金市"，这里的黄金交易量居世界第一。

　　不要小看这种金黄色的、软的、抗腐蚀的贵金属，它曾经作为货币被世界各国所普遍接受，并且在 19 世纪确立了金本位体制。直到第一次世界大战爆发，各国纷纷发行不兑现的纸币，禁止黄金的自由输出，金本位体制才告终。

现在每当世界政局和经济不稳，尤其是发生战争或经济危机时，股票、房地产、基金等理财产品受到冲击时，黄金的价格就会逆流而上，节节攀升。这就是黄金的避险功能。

黄金投资的好处有以下几点。

一是卓越的避险功能。2017 年 8 月 29 日，朝鲜发射导弹穿越日本上空，造成了地缘政治紧张局势加剧，导致避险资产需求上升，一举让黄金价格升到 1321.19 美元 / 盎司，达到自 2017 年 6 月 8 日以来的最高水平。

二是可以对抗通货膨胀。2007 年，1 克黄金相当于 160 元人民币可以买 39 公斤大米；2017 年，1 克黄金相当于 277 元人民币可以购买 42 公斤大米。货币贬值，物价在上涨，钱变得越来越不值钱，但是黄金本身就属于贵金属，金价会随着通货膨胀而上升，能保证投资者的资产不会随着通货膨胀而贬值，一般投资会配备一定比例的黄金。

三是没有时间空间的限制。香港的金市交易时间从早上 9 点到第二天凌晨 2 点 30 分，香港收市，伦敦又开，紧接着是美国金市，全天 24 小时都可以进行黄金交易。想投资，可以随时建仓、平仓。黄金是全世界都认可的资产，在全世界通行无阻，所有国家的人们都知道黄金是贵重物质。有人可能不认识美元、英镑、人民币，可是没有谁不认识黄金。如果遇上资金紧缺，可以随时随地把拥有的黄金变现。

四是黄金市场难以被操控。因为黄金市场属于全球性市场，现实中没有哪个个人或者机构有足够的资金去操控全球黄金市场，不像股市、楼市、证券可以人为炒作，所以为黄金投资者提供了较大的保障。

五是不易崩盘。黄金是不可再生的稀有金属，现在已经开采的总量超过地球蕴藏量的一半，以后黄金的供给量会逐渐减少，这使得黄金的价格趋势是上升的。虽然中间有波动，可未来的金价还是被看涨的，并且开采金价也需要费用，这让黄金不会像股票和房地产那样有市场崩盘的危险。

黄金投资还有很多其他方面的好处，比如相对于股票和房屋，税收方面有很大的优势，没有那么多的税项，并且在产权转移时，实物黄金非常便利，不用办理烦琐的手续，直接让子女拿走就行了。

不过投资黄金的话，尽量不要去购买作为饰品的黄金，因为饰品黄金本身是一种消费品而非投资品，价格中包含了加工、损耗、消费税等多方面的费用，价格比直接的黄金价格贵很多。并且在回收时，商家一律按黄金原料的价格来计算，比当初购买时便宜很多，回收还会发生损耗，真正拿去卖时会损失不少，所以那些以投资为由去购买黄金饰品的人还是认清这一事实，不要被那些卖黄金饰品的人忽悠了。

投资黄金之前要先知道影响黄金价格波动的因素都有哪些，到时才能做出准确的判断，避免投资的失误。影响黄金价格的因素有很多，除了供需关系外，还有以下因素：

一是美元汇率是影响金价波动的重要因素之一。一般美元走强，投资美元升值的机会增大，人们就会追逐美元，金价就会下跌。

二是战乱及政治局势的动荡和金融危机的爆发，因为黄金是最佳的避险工具，所谓"大炮一响，黄金万两"，说的就是战争和政治局势的动荡往往都会推高金价，尤其是突发性的事件会让金价短期大幅飙升。

三是通货膨胀与石油价格。当通货膨胀发生时纸币会贬值，可是本身就具有价值的黄金则不会，每当通货膨胀严重时，金价会上涨。石油价格上涨，意味着通货膨胀会随之而来，所以金价也会上涨。

四是本地的利率。如果本地利率升高，获取利息会更能吸引投资

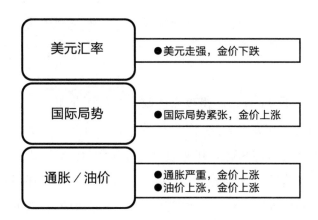

者，而无利息的黄金的投资价值就会下降，所以金价会降低。

虽然投资黄金方向明确，但是在整个国际大环境下，黄金价格与很多因素有关，不是专业人士分析起来有很大困难，并且经常会有一些突发事件，如果信息了解得不及时或不准确，则会蒙受意外的损失。如果做短期投资的话，得随时看大盘走势，一般晚间的价格波动比较大，这就需要自己合理安排时间。

任何投资都有风险，根据自己的实际情况进行选择，不能盲目去投机。市场信息千变万化，那些影响因素也不能照搬硬套，多学、多看、多想，然后小笔操作，等到有经验后再追加投资。

投资房地产到底值不值

王杰最近很纠结，手里有些闲钱，不知道该不该投资于房产。其他的投资，他自己也不会，只有买房投资好像简单一点。股票、基金风险太大，自己也不懂，不敢轻易进入；放在银行利息太少；各种 P2P 利息还行，可是担心资金安全。但是现在国家有关楼市的政策一个接着一个，自己的心里真的不知道该怎么办了。

2017 年 7 月 17 日，广州市人民政府办公厅公布了《广州市加快住房租赁市场工作方案》(下称《方案》)，《方案》明确提出了"租购同权"的规定，即租房者和购房者享有同样的权利，也就是说租房者也同样可享有就近入学的资格。随后，无锡、济南、郑州等多地出台租房可落户的政策。8 月，成都公布未来 5 年将建设 30 万套人才公寓，申请人租满 5 年后，可以按照 5 年前入住时的市场价格购买，北京商住房改租赁用房，北京共有产权房可落户上学，有关房子的政策一个接着一个出台，让人应接不暇。

也许你会想政府这次也像前几次那样，只是出台政策，房价最后还不是越调越长？不过这次政府对于楼市调控的决心是前所未有的，不仅仅是出台各项房产政策而已，很多政策正在快速落实，并且把之前政策有漏洞的地方都给堵住了。

2017 年 8 月 23 日，上海让利 200 亿元给租赁市场，一次性挂牌出让了 4 块地理位置极佳的土地，规模面积为 21.85 万平方米，全部用于租赁用地。8 月 26 日，上海再推 5 幅黄金地段 100% 不可售住宅用地，规划租赁面积高达 39 万平方米。上海市已经明确表明在十三五期间将提供 1700 公顷的租赁住房用地，占全部工地的 30.9%。上海的实际行动说明了中央有关楼市未来的走向的决心。

司法部最近出台的"五不准"中，有两个"不准"是针对不动产的，可以精准打击炒房行为。所有的政策都在落实中央 2016 年底提出的"房子是用来住的，不是用来炒的"，都在慢慢将房子的金融产品属性剥离掉，让它没有炒作的可能性。

如果你还心存侥幸，还没有明白目前的大趋势，觉得也许过一段时间就好了，那么可以看看房地产界的大佬们是怎么做的。"不去赚最后一个铜板"的李嘉诚多次卖楼；王健林除了出售自己的酒店，还把自己的王牌资产万达广场狠心切割；潘石屹也把自己的核心资产稳收地租的SOHO拱手送出。看到这些，你该明白了吧，资产都是逐利的，他们的退出说明以房产为投资中心的时代结束了，未来想靠投资房产轻松获得暴利，随便买房就能躺着挣钱的时代也将一去不复返。

虽然以后以房产为投资中心的时代结束了，不代表房产就没有投资的可能性，只不过暴利时代结束了。今后投资不可能随便买个房就能坐等升值，如果是作为投资用，买房之前一定要慎重考虑。毕竟房子不同于别的投资，它的流动性低，投资周期长，房价除了受市场供需关系影响外，与国家的宏观政策以及具体到各个城市的政府政策都有关系，没有统一的标准。选购一套可以用来投资的房子，多方考察该房产是否值得投资，将风险从开始想投资那一刻就降到最低。

房产投资到底值不值？我们可以根据以下三个公式进行初步判断。

1. 租金乘数小于12。租金乘数就是该房产的全部售价除以每年的总租金收入（租金乘数＝投资金额/每年潜在租金收入）。如果该数字小于12则在合理范围，一般把12看成大多数租赁房产的分界线，投资之前看看那片地区的房屋租赁价格，一般情况下，每年潜在租金收入＝每月租金×12个月。

比如某套住房售价20.5万元，每月租金为1400元，则租金乘数约为12，不过这种方法没有考虑房屋可能空置与欠租的损失，还有其他的费用。另外，未来房产税肯定也会实施，这些也都是在投资之前要考虑清楚的。如果借用了杠杆，还要考虑加息的风险和自己每月还贷的能力。

2. 投资回收期法。一般合理的投资回收期为 8 — 10 年，越长，投资风险越高；越短，风险越小。这个算法把前期主要投入以及租金、价格都考虑进来了，比方法一的范围更加广泛。投资回收期 =（首期房贷 + 期房时间内的按揭款）/（月租金 – 月按揭供款）×12。

3. 将 15 年收益与房产购买价相比较。如果等于房产购买价，则物有所值；如果大于房产购买价，则物超所值；如果小于房产购买价，则不宜投资。

大家可以根据以上公式对要投资的房产进行简单判断，看看其是否具备投资价值。

投资房产的收益无非来自两个地方：房价上涨的差价与房租。目前，我国一些大的城市因为房价上涨速度远高于租金上涨速度，导致租金回报率（年租金 / 房屋总价）仅为 2%，这比国际上租金回报率的最低值 3.3% 都低。在租金回报这么低的情况下，投资房产就只能等房价上升了。

艺术品投资的玄机

2015 年，法国后印象派画家保罗·高更的一幅题为《你何时结婚？》的油画，以 3 亿美元成交，创下了艺术品最昂贵成交价格的记录。不过在高更还没成名时，他把自己的画送给一位老奶奶当包装纸，还被嫌弃太硬。如果那位老奶奶家族一直保留那张画，现在该是什么情景。

也许当时别人无意中送的一幅画，都能变成一笔巨大的财富。这就是艺术品投资的魅力。

乱世买黄金，盛世重收藏。中国现在国泰民安，随着人们生活水平的提高，艺术品投资以其独特的文化韵味与经济价值，成为投资的新宠。

据《环球艺术市场报告》中的统计，2016 年，全球艺术品市场销售总额为 566 亿美元。中国继美国、英国之后，位列第三，销售额为 115 亿美元，占全球市场的 20%。美国、英国、中国占全球销售额的 81%。相对于美英两国，中国艺术品市场起步晚，但是发展迅速。到目前才二十余年，但在全球艺术品交易占比上已经取得稳定的话语权，未来的市场前景巨大。

艺术品涵盖广泛，从书画、珠宝、古董到邮品等。艺术品市场分为一级市场和二级市场。画廊业、艺术品博览业为一级市场。拍卖业是二级市场。最近几年，拍卖业屡次以天价拍卖的新闻吸引大众的眼球。

由于艺术品的独一性、稀缺性和不可再生性，投资艺术品具有极强的保值功能。购买以后，只要没有被骗，或者买的不是假货，一般很少贬值。它的投资风险比股票、期货低。

当然投资艺术品并不是毫无风险，任何投资都有风险。艺术品的投资风险主要有以下几个方面：艺术品的鉴别能力、变现能力。如果自己没有鉴别艺术品好坏的能力，往往会被忽悠，成为"冤大头"。如果投资者资金有限，遇到急需用钱时，投资的艺术品一般很难卖到一个好的价格。这两点在投资之前一定要考虑清楚，不要跟风。

艺术品的投资虽然相对来说风险小，但是收益却很高，这与一般的投资规律相违背。主要原因是艺术品的稀缺性与不可再生性。

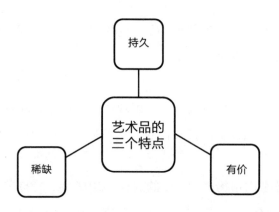

按照美国 10 年期投资回报率统计，房产的回报率是 4.5%，股票的回报率是 13%，而艺术品的回报率则是 24.5%。随着我国经济的快速发展，有钱的人越来越多，相当部分人都把艺术品纳入资产配置之中。据调查，90% 的中产阶级有收藏艺术品的意愿。

中国富裕人群以及中产阶层人数的增加，必将带来艺术品需求的不断增加，未来艺术品市场能保持强劲的增长。

另外，艺术品不仅具有保值、升值的功能，还有欣赏的功能。这个功能是别的投资所没有的。投资者不仅可以通过投资艺术品获得收益，还能通过艺术品的收藏来美化生活、陶冶情操。

艺术品投资最难的就是价格的评估。中国艺术市场目前主要有三种估价方式。

第一种是根据拍卖场的小量拍卖数据来估价。如梅摩指数、胡润排行榜等。这里面要注意，有的拍卖价为几百万元、几千万元的艺术家作品，可能私底下交易只要几万元、几十万元。这样的艺术价格指数是没有任何意义的，数据采集方式的错误存在严重误导和蒙骗投资者的现象。

中国拍卖会上的拍卖价格，大多数都是人为控制。超过 100 万元的艺术品有一半没有付款，即使付款，很多也是按照拍卖前私底下协商价格付款的。中国艺术品拍卖市场的拍卖，大多是假拍，投资之前，对于价格一定要持怀疑的态度。

第二种是画廊和艺术家自己定价。这种模式有时会让画廊与艺术家联合起来蒙骗投资者。相对来说，艺术家私下的交易价格还是可信一些，不过也要注意，有的艺术家为了面子、包装，也会把私底下的交易夸大。

第三种是根据劳动时间来估价。这个算是最靠谱的评估模式。假如一个有些才华的画家，一个月画 15 张画，如果按照有点才华的设计师的月薪 1.5 万元来计算，一张画的价格就是 1000 元。假如一个非常有才华的画家一个月画 10 张画，那么按照非常有才华的设计师的月薪 3 万元来计算，一张画的价格就是 3000 元。如果画家的收入是同等设计师的几十倍，估计就有很大的泡沫了。

在投资艺术品时，除了注意入手时的价格，还有注意不要被所谓的专家、平台、画廊欺骗。艺术品交易大多时候就是自炒自卖。庄家炒作的事情，在各个艺术字画交易所内大量存在。庄家向小庄家收购大量交易品种，不断制造火热的涨停板，吸引投资者的跟风。等溢价到一定程度，庄家会在场下找到下一个接盘的庄家打折卖给他，赚取中间价。只要有人肯接盘，庄家就能玩，在这击鼓传花式的层层递进后，一定会远离藏品本身价值，最终无人接盘。

如果你对艺术品市场不熟悉，也没有熟悉的朋友，自己对艺术品的鉴赏能力也不高，那么就先深入这个市场了解。等了解清楚了再去投资，这样不是更保险吗？不要听他们说"这是个千载难逢的好机会"，真的像他们说的那样好，他们自己早就留下了，还用费心去游说你吗？如果还没弄明白就去大量投资，这样无形中增加了很大的风险，这不是投资人该有的行为。

第三章
了解自己，你是哪种投资人

个人的收入不同，理财侧重点也不同

在一堂理财培训课上，老师让大家根据自己的收入做理财计划。小玉问老师："我工资一个月才 2000 多元，也要做吗？"老师轻声回答："当然了，收入多，有多的理财法；收入少，有少的方法，只要有收入都能理财。只要努力跟着学习，你的资产就会慢慢增加。"

理财不是有钱人的专利，即使收入再少，只要你愿意打理，都可以去理财。但是由于拥有的财产不同，理财的侧重点也不同，"看菜吃饭"同样适用理财。人生需要规划，钱财需要打理，不论收入多少，我们都有理财的观念，只有这样，未来才会越来越好。下面我们来看看不同收入阶层的不同理财方法。

第一类是月入 3000 元以内的上班族。

这类人群大多刚刚走上工作岗位，正处于人生的成长期，收入也是起步阶段。这个阶段，理财的关键是让自己的收入与支出能平衡，

重点在于避免不必要的消费，节流重于开源，此外懂得投资自己，多学习努力提高自己的工作技能，争取升职加薪，这样才会有更多的闲余资金。

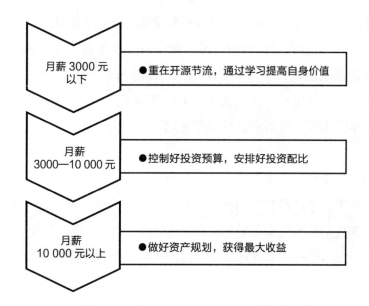

月薪3000元以下　●重在开源节流，通过学习提高自身价值

月薪3000—10 000元　●控制好投资预算，安排好投资配比

月薪10 000元以上　●做好资产规划，获得最大收益

1．学会节流。不要用"钱不是省出来，是赚出来的"来给自己乱花钱找个借口。如果你没有有钱的父母，节省是理财的第一步，收入是有限的，只有节省下那些不必要的开支，才能省下更多的钱，一年下来能省下一笔可观的收入，这是理财的第一步。

2．做好开源。在还没有人生的第一桶金时，说明我们的能力还不能匹配我们的梦想，这时需要的是给自己充电，让自己的能力在以后可以撑起我们的梦想。毕竟3000元的月薪，向上的提薪空间还很大，与其苦苦存着几千元，一年拿着百十块钱的利息，还不如给自己充电，早日加薪，这样的效率才是最高的。

3. 善于学习。看看那些在各行各业取得成绩的人，他们的成就不是因为他们过去的成绩、学历、毕业院校，而是他们善于不断学习的能力。很多人毕业了就再也没有学习过，我们在学校学的知识能有多少可以用在工作中呢？只有在工作中不断地主动学习，才能提升自己，才能更好地把握未来，机遇也都偏爱那些努力准备的人。

4. 选择适合自己的理财产品。如果每月还能有几百元的盈余，可以做做基金定投，现在很多支付平台都有每天投资 10 元，或者每月投资几百元的定投产品。选择一个正规的平台，找一个趋势不错的基金，坚持定投，开启自己的理财之路，学习理财知识，让钱为自己打工。

第二类是月收入在 3000 元到 10 000 元的人群。

这类人大多已经有三四年的工作经验，个人收入还会有所提高，但工作和生活的压力也会增加，如职位升迁、组建家庭、养育孩子等。这一阶段的人群一定要好好规划自己的资产，以达到收益最大化。

1. 必要的流动资产。主要是为了解决基本生活消费和预防突发性事件。现在理财也不一定要跑去银行，你可以在"宝宝"类的理财产品中灵活存 2000 元，用于日常生活开支；另外选择短期定期存 8000 元左右用于遇上失业等突发事件，保障自己三个月的基本生活开支。

2. 合理的消费支出。挣的钱多，不代表你就有钱，每月挣 1 万元，花 1.2 万元，还是负债呢！互联网的发展，让我们借钱、透支、分期付款如此简单，于是花钱也就更加没有节制，赚的钱不是钱，省下来的钱才是钱。

3. 规划教育投资。如果准备结婚生孩子，要提前考虑孩子的养育和教育问题，并提前给孩子存教育资金。现在有很多保险公司都有关于孩子的教育业务，选择教育保险也是一项不错的投资。同时，也要定期为自己充电，让自己的职业发展更上一层楼。另外，一定要坚持学习理财知识，做到明白理财。

4. 积累财富。有了资本后，可以选购更多的理财产品，如股票、基金、国债、房产、期货等，国债风险低，收益低。基金风险高于国债低于股票，收益也介于两者之间，基金定投被称为"懒人理财法"。股票投资的风险高，收益也高，但不适合不敢冒险且受压能力弱的人。房产投资本钱大，收益情况要看国家的政策和形式。期货市场风险太大，但是收益也非常大。大家可以根据自己的资产状况以及风险承担能力选择适合自己的理财方式。但是有一个原则就是不要借钱投资。

第三类是月入万元以上的人群。

这类人士是金领阶层，大多在 30 岁左右，正是年富力强之时，收入还会快速地增长。由于多年的积累，有不菲的存款，也有较强的实力进行风险投资，他们理财的重点则是日常预算和债务管理方面。

1. 降低现金的额度，发挥流动资金的最大效用。把存款按一定的比例存入银行、理财平台，用于人民币理财产品和货币基金，以保证留有足够的兼顾流动性和收益性的备用资金。

2. 风险承受能力较强。因为可以抵抗风险，可以把自己的财富进行资产组合投资，在稳健型投资上，以适当的比例进行一些风险大、收益大的投资，以及房产、贵金属、工艺品等投资。资产组合投资能达到良好的分散化效果，从而降低整体的投资风险。

3. 从家庭理财规划来看，保险是所有理财工具中最具防护性的。建议给家庭多增加一份保险，增加意外伤害类和医疗保障类保险，以及重大疾病保险，因为投保年龄越小，保费越便宜。还可以考虑定期寿险，以尽可能小的费用来获得更大的保障。

不同的收入有不同的理财方式，虽然理财不会一夜暴富，但是坚持理性持久的理财，可以让我们实现财务自由的梦想。理财任何时候开始都不算晚，但是越早开始越好，理财可以是通往成功的另一条道路。

工薪阶层的困境，理性看待个人收入

在城市中，人们将靠工资薪酬的收入生活的人，称为工薪阶层。无论你的工资有多高、福利有多好，只要你是领取工资，不是自己拥有实体公司、企业之类的人员，都属于工薪阶层。过去，工薪阶层仅限于在国有企业，或者集体企业工作的人员；现在扩大到在私营企业里务工的人员、低层职业经理、长期农民工等。

工薪阶层的工资，因为所在地方不同，薪资也会不同。一般工薪阶层，在上海月收入 8000 元以上，在北京月收入 7000 元以上，在深圳月收入 6000 元以上，其他城市月收入 2500 — 5000 元。可以看出普遍工薪阶层收入都不高，并且还要租房或者还房贷，还要穿衣吃饭，有的还要养家糊口，月月都盼望着发工资，年年如此，不敢休息，不敢生病，不敢任性去买自己所喜欢的贵的东西。看到别人潇洒挥霍时，

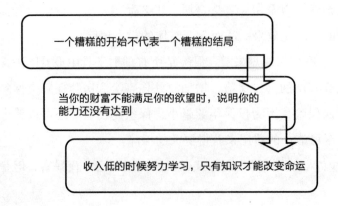

真的好想自己也有那么一天。

当你的财富不能满足你的欲望时，说明你的能力还没有达到。即使可能你觉得自己已经很努力了，可能努力的方向不对，或者跟别人比较起来还是不够。

在现在这样多样化的社会，只要努力上进，你肯定会找到增加收入的方法。你可以通过技能的学习提高自己的工作能力，扩大自己的收入；也可以根据自己的爱好，把它发挥到极致，让它带给你额外的收入；或者通过理财让我们有限的钱财经过足够长的时间变成一笔可观的财富。

对于自己的收入，我们要有个理性的认识。不要因为工资少就自暴自弃，反正就这点工资，怎么都不够花。那就想怎么花就怎么花吧，等以后工资增加了再投资理财，再去学习健身，再好好规划人生。结果后来工资增加后，之前胡乱花钱的习惯已经养成，很难再改变，依然还是无财可理。所以，在最开始时我们就要养成合理分配收入的好习惯，在越钱少的时候，越要养成努力奋斗的习惯，这样才有改变自己命运的一天。

陈丽毕业后在一个四线的小城市生活，月薪三千多元，在当地，这个收入水平还凑合，可是跟当时去了北京、上海等大城市工作的同学没法比，他们的工资都是年薪几十万元。同学听了她说的工资，都觉得太少，可是陈丽依靠自己的计划，依旧把日子过得很惬意。

首先，房价每平方米相差差不多十倍，这边小城市只要几千元一平方米，他们那边却要几万元一平方米。她一个月的收入能买 0.6 平方米，而那些大城市的同学只能买 0.3 平方米。

其次，小地方的工作压力没有那么大，基本不用加班，应酬也不多，上下班花在路上的时间也少，可以用这些时间发展自己的爱好。陈丽喜欢瑜伽，休息时就去练，几年过去后，不仅自己的身体好了很多，还被瑜伽馆聘为教练，既能免费去练瑜伽，还有一份额外的收入。陈丽把这份额外的收入进行投资，为了让这份投资的收益能达到每年出去旅游的开支，陈丽又学习了理财方面的知识，从一个理财的小白变成理财达人，除了获得了金钱的收益快感，还一饱各地美景的眼福。

陈丽是一个工作认真负责的人，平时也钻研自己的本专业，除了自己的工作做得好，还经常帮助同事们，获得了领导以及同事的认可。后来自己所在部门的经理职位出现了空缺，她就被提拔了上去，当然工资也增加了不少。陈丽的工资虽然不高，可是依然过得有滋有味，他们高收入的同学都很羡慕她的惬意生活。

最后，因为瑜伽越来越受大家的欢迎，原来的瑜伽馆老板想要再开一个瑜伽店，于是陈丽就入伙了。现在，陈丽每个月的理财收入和瑜伽馆的利润都已经超过她的工资收入，在同学们还在努力工作希望工资的涨幅能超过通货膨胀时，她已经实现财务自由。

陈丽是怎么做到的呢？她说："因为自己的收入少，这是事实，并且短期内也没有改变的可能，只能控制自己的消费。每月工资发下来，很多人去还卡债，而我是把钱存起来，都存了定期。为了防止自己非理性消费，没有办一张信用卡。然后把每月固定的房租、电话费、车费都存上，再把自己这个月需要购买的必需品的预算留出来。"

其次，每月给自己投资一点钱充电，只要是积极向上的，不管哪方面，就能保证自己不落后。最后每日花费都记账，虽然钱不多，但是知道自己的钱去了哪里，月底时进行总结，去掉不必要的花费，如果还有剩余就再存起来。坚持几年后，除了攒下一笔钱，最主要的是养成了好的习惯，不再乱花钱，并且通过学习，爱好和事业都有收获。

对自己收入不满意的小伙伴，要正视自己的收入，确定目标后努力去改变。一个糟糕的开始不代表一个悲惨的结局，只要你愿意开始，都不算晚。

"酷抠"族理财：钱不能光攒不花

不要误解，"酷抠"不是葛朗台式的抠，而是一个网络流行语，是指当下一种时尚的抠门。抠门还有时不时尚一说吗？那当然，"酷抠"里的"抠"是褒义词。因为"酷抠"族崇尚的是"节约光荣，浪费可耻"。

"酷抠"族不一定穷，也不是守财奴，他们一般具有较高的学历和不菲的收入。他们喜欢精打细算，但绝不是吝啬，而是一种节约的方式。他们喜欢高质量、幽雅的生活，具有很好的审美观和高雅的生活品位。他们结合了传统的节俭和现代时尚思维，生活过得有滋有味。他们给都市的生活带来了新鲜的"空气"和"阳光"，让人们明白，世界上原来还可以把抠做得这样"高端、大气、上档次"。

今年29岁的杨海涛是某私企的会计主管，收入在当地属于中等水平，通过自己的"酷抠"，仅五年的时间就攒够了婚房的首付，实现了自己"先节财后增值"的理财观。

他做事注重计划，每次购物之前都会预先想好要买什么，每次消费之后都将开支记录下来，月底时总结一次，找出不合理的开支，以后杜绝。每月发工资之前，都会将上月结余的钱存入一年定期。等这些存款到期，如果有大件消费计划，就拿出来用，没有时就将存款及利息转存一年定期。通过这种12张存单式的理财方式，一年多后，加上领到的年终奖，银行存款居然有3万多元了。有了一定积蓄，他决定让自己的存款增值。在咨询一些理财专家后，决定将理财分为三部分。

一、银行里到期的全部存款都用来购买三年期国债。

二、工资增加后每月可存下2600元，其中1600元存定期，剩下的1000元则购买定期定额的基金，直接从账户里扣除。决定这样做，是基于如下考虑：银行定期存款每月都有到期的，可以应付一些意外开销；等过几年打算买房子时，三年期的国债刚好到期，国债收益稳定，比定期存款利息高。

三、基金风险比较大，但平均收益比较高，定期定投能降低风险，与国债组合投资，既能够增值，又能够降低风险。当然，杨海涛在努力实现自己的买楼梦想时，也并没有亏待自己。除了留出能够保证生活质量的费用外，平时也会和朋友去一些消费不高的餐饮、娱乐场所消费。节假日，公司发了过节费或者遇上高兴的事，他也会买一些礼物来犒劳一下自己。只不过，这些都是在"掌握"之中的。

"酷抠"族的共同之处就是"抠""一分钱掰成两半花"，他们的理念"省钱就是在赚钱"，而"抠门"不代表要过苦日子。在饭店吃完饭就把剩菜顺便打包，这是杜绝浪费，节省开支。淘宝网上购物用返利网，简单一步却能省下不该花的钱，何乐不为呢？请朋友吃饭尽量在家请，自己做，干净卫生，气氛还很好，还能省钱，朋友一起做饭，还能增加很多乐趣。

买衣服，买一两件简单基本款的衣服能进行不同搭配，把一件衣服穿出十件的感觉。喝咖啡不一定非要选择星巴克，在家泡一杯咖啡，捧一本书，在有阳光的午后享受，那种感觉不比在星巴克差。当奢侈品充满大街时，LV还不如自己DIY设计的能吸引人的眼光，它没体现自己的个性。当自身的价值不需要用所谓的品牌去体现时，你会发现将有更多的钱可以去投资、有更多的钱去孝敬父母、有更多的钱去做有意义的事。

我觉得"酷抠"是件自豪和骄傲的事，是这个时代应该肯定并且颂扬的一种风气，也是一种正能量。其实还有很多人也是"酷抠"族或者潜意识里想去"酷抠"的，但是碍于自己虚荣的心理和怕没面子，他们不敢明目张胆地去"酷抠"，只得偷偷地"酷抠"，甚至假装瞧不起"酷抠"，其实都是内心不自信的表现。

不要误解"酷抠"，当你也是"酷抠"一族时，就会发现原来"酷抠"的生活如此从容美好。

中产阶级理财：合理配置求稳健

最近一篇《月薪三万，还是撑不起孩子的一个暑假！》的文章火遍朋友圈。一位高管妈妈，月薪三万元，家里的大头开支由丈夫搞定，她只负责自己和五年级女儿的日常花销即可。可是最近，她却连新衣服都不敢出手买了，原因就是孩子放暑假，开销骤增——孩子美国游学 10 天 20 000 元；在家里请阿姨看护 5000 元；每周两节钢琴课，200 元一节，共 2000 元；孩子参加游泳班 2000 元；孩子参加英语、奥数、作文三科培训班 6000 元。加起来，35 000 元就没了。

花多少钱才能让孩子过好暑假？花多少钱才能让孩子获得出类拔萃的教育？这篇文章把中产阶级的焦虑和迷茫都表现了出来。

对于中产阶级而言，正处于比上不足、比下有余的境地，一方面要抵御财富缩水的风险，一方面要通过提升资产配置效率来增长财富，对于投资需要更为谨慎。在追逐自身财富自由的路上，切不可忽略风险因素，需将稳健投资与风险投资合理配置，实现收益与安全的双平衡。

根据《经济学人》数据显示，我国家庭年收入在 7.66 万—28.6 万元之间的中产阶级人数已达到 2.25 亿。跟普通工薪阶层相比，中产阶级收入可观，有着较高的生活质量和生活追求。但是即使是这些中产阶级，面对我国高昂的房价、医疗、教育等现实压力，焦虑也在不断累积。如果想要过上体面的中产阶级生活，或者想上升至上层阶级，投资理财则成了一个重要的途径。

虽然我国的中产阶级人数不断增加，可是跟西方发达国家相比，我国的中产阶级在长期财务规划、紧急事件储备等方面，都有明显差距。他们缺乏明确的财务储备计划和行动，对理财工具的合理配置概念也比较弱。

那么身为中产阶级的你，该怎样去理财呢？下面以案例来说明。

今年 35 岁的周莉，在北京一家广告公司担任经理，税后收入是每月 7000 元，年终会有 3—5 万元的年终奖。老公是一家

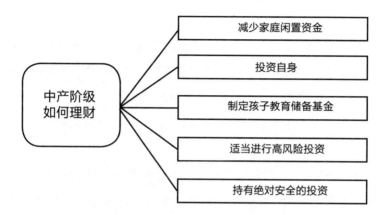

企业高管，每月工资税后 15 000 元，年终奖基本 5 — 8 万元，两人都有五险一金。现在他们有一个 8 岁的儿子，有一套价值 400 万元的房，一辆价值 20 万元的车，房贷、车贷已经还完。银行活期存款 20 万元，定期存款 20 万元，银行理财产品 10 万元，股票市值约 20 万元。目前家庭每月开支约 8000 元，两边的老人每月各给 2000 元，这样每月能结余 10 000 元左右。

关于周莉的理财，因为他们之前做的理财组合不够合理，现在改变如下：

一、减少家庭闲置资金

从周莉的资产配置中，我们可以看出，银行活期存款太多，影响了资产的增值。虽然此时理财需要求稳，但是也不能让把钱放在银行，等资产因通货膨胀而缩水。

拿出 5 万元作为家庭的备用金。这些备用金可以投入一些存取灵活的互联网货币基金之中，比如支付宝或者微信钱包。他们的利息比银行活期存款高很多，并且风险很小，取出、支付也非常方便。现在很多地方都可以用，超市、商场、菜场、饭店、药店等都可以使用，很多不能刷卡的地方都可以使用。需要急需用现金时，提现也很快。

拿出 10 万元，可以投资一些风险较小的基金类理财产品。如果没有时间，可以做个基金定投，这样收益平均下来还是可观的。因为基金有专门的基金经理去打理，主要是分散投资。如果怕风险太大，就不要选择股票类的基金。以后如果需要用钱，买卖基金也方便。

剩下的 5 万元可以投资黄金。投资黄金主要是为了对抗通货膨胀，使资产保值。目前黄金的价位不高，以后金价肯定会上升，到时卖出还可以赚一些。另外，为了以防万一，世界格局发生变化时，黄金是可以保值的，因为黄金不像纸币，它本身就有价值。

二、制定孩子的教育储备计划

可以在现在资金充足时，提前为孩子储备教育金，对孩子的未来做好打算。可以考虑教育类的保险或者定投等方式进行储备。那么从现在开始，每月进行 5000 元的定投。如果以后想让孩子出国留学，可以看看外汇投资，在人民币升值时换一些美元储备着。

三、夫妻两人的保险投资

虽然公司给交了五险一金，可是人从 35 岁开始，很多机能都在下降。尤其是高收入人群，平时工作压力大，工作量也大，给自己和家人买份健康保险是必需的。可以每个月拿出一笔钱，或者年底发奖金时一次性投入。

四、股市投资可以适当增加

每年的年终奖剩下后可以把钱分为五份，五分之一用于股市投资，五分之二用于银行定期，五分之一用于基金投资，剩下的五分之一用于艺术品投资。

五、对自身进行适当的投资

为了增加自身的竞争优势，每年都要对自己的健康及能力进行必要的投资。这个投资需要长期坚持，也不是很快就能看到结果，可是长期坚持下去，你会变得更加优秀，升职加薪的机会会更多。

大多数中产阶级都是 30 — 55 岁，一般都是事业有成，并且上有老下有小，家庭的支出比较固定，孩子的教育支出比较大。此时需要用钱的地方比较多，所以在家庭理财配置时，以稳健为主，不要去冒太大的风险。股票投资的专业性强，风险相对来说比较大，此时要根据自己的实际情况合理分配，争取在稳健中获取利益最大化。

目前市场中，理财的主要投资渠道有很多，如银行理财、基金、信托、保险、P2P 产品、众筹、股票、贵金属和期货等。但不管如何，进行资产配置，有一点应始终牢记：避免局限于一种或是单一的投资渠道，投资尽量多元化。

第四章
了解未来，玩转互联网金融

用手机炒股 ≠ 互联网金融

中午吃饭时，小胡一边吃饭，一边摆弄着手机。"在看什么呢？"一同事问道。"我看看买的基金涨了没。"小胡回答。同事问："手机买基金靠谱吗？"小胡道："选择正规的 APP 就行，买卖都很简单，手续费比去银行买便宜。"同事又说道："回头你教教我，我也想体验互联网理财。"小胡愉快地回答道："没问题，到时我们一起研究哪只基金好啊。"

2014 年，互联网金融一下子火了起来，人们茶余饭后谈论的都是互联网金融。"互联网金融，我懂，我都是网上买东西，现在手机可以直接炒股，多方便。还有，我余额宝的利息都不少了，这不就是互联网金融吗？我可是走在时代的前列呢。"

互联网金融是指传统金融机构与互联网企业，利用互联网技术和信息通信技术，实现资金融通、支付、投资和信息中介服务的新型金融业务模式。它不是互联网和金融业的简单结合，而是依托大数据和云计算，在开放的互联网平台上形成的功能化金融业态和服务体系。

它包括基于网络平台的金融市场体系、金融服务体系、金融组织体系、金融产品体系、金融监管体系等，并兼具互联网"开放、平等、协作、分享"的精神，形成了具有普惠金融、平台金融、信息金融和碎片金融的新金融模型。互联网金融可以借助互联网、移动互联网等工具，使传统金融业务具备更高的透明性、更多的参与度、更少的成本、更便捷的操作。

互联网金融不仅包含信息化金融机构，就如本节第一段中的手机炒股等，还有移动支付和第三方支付、众筹、P2P 网贷、数字货币、大数据金融和金融门户。

中国的互联网金融相对于欧美发达国家起步较晚，到目前为止，中国互联网金融发展大致分为三个阶段：第一阶段（1990—2005 年）主要是传统金融行业的互联网阶段，一些银行、基金、证券市场从柜台开始走向网络。第二阶段（2005—2011 年）主要是第三方支付的蓬勃发展阶段，比如支付宝、财付通、快钱等的推出。第三阶段（2011年至今）主要是互联网金融业务发展的实质阶段，国内互联网金融呈现多种多样的业务模式和运行机制。

互联网金融有什么特点呢？

1. 成本低。传统的金融活动和交易都往往高度依附于重资产形式的物理场所，而互联网时代的商务平台是一种轻资产形式的虚拟营业场所，强大的网络技术把独立的个体和分散的经济活动连接在一起，形成了一个无形却真实、虚拟却有效的交易场所。资金供求双方可以通过互联网平台自行完成信息匹配、定位、交易，无传统中介、无交易成本、无垄断利润。另外，消费者可以在开放透明的平台上快速找到适合自己的金融产品，降低了信息不对称程度，更加省时省力。

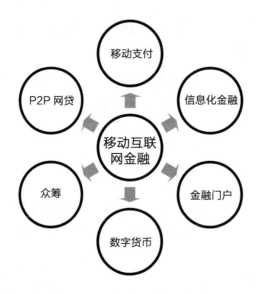

2. 效率高、覆盖广。因为互联网模式下，金融业务主要由计算机处理，操作流程完全标准化，业务处理速度快，客户可以不用出门，不用排队，体验更好。比如阿里小贷经过数据的挖掘和分析，引入风险分析和资信调查模型，商户从申请贷款到发放只需要几秒，每天可以放贷1万笔。只要有互联网的地方，客户就能突破时间和地域的限制，在网上找到需要的资源，使得金融服务更直接、广泛。互联网金融主要针对的是80%的小微企业，覆盖了传统金融业的金融服务的盲区，有利于提升资源配置效率。

3. 管理弱、风险大。互联网金融起步晚，还没有更多的监管，缺乏行业规范，并且没有接入人民银行征信系统，也没有信用信息共享机制，不具备类似银行的风控、合规和清收机制，容易发生各类风险问题，一些P2P平台倒闭、老板跑路的例子很多。

曾经金融行业是中国最具垄断性的代表，要改变金融业的垄断非常不容易，而中国经济的转型必须打破金融业的垄断，互联网金融的迅猛发展及强劲势头打破金融业的垄断地位，为中国经济的发展和人们的工作生活带来了新的机会。传统金融业也由之前的围剿变成现在的主动拥抱，加快自己的布局，让整个行业焕发新的活力。互联网金融不是传统金融的"寄生虫"，而是放入传统金融里的那条"鲶鱼"。

众筹：新投资模式的开启

2013年，以前在央视担任过制片人的罗某，因想摆脱传统媒体的层层审批和言论封闭而离开了电视台，开始做起自己的自媒体。因为资金不足，于是通过"知识众筹"，对新开的栏目A，采用了付费会员制，筹集到近千万元会费。大家也愿意众筹，养活一个自己喜欢的自媒体节目。A的选题，是由专业的内容运营团队和热心的罗粉共同确定，主讲人是罗某。目前A每期视频点击量均超过百万次。罗某用众筹的模式改变了媒体形态。

众筹翻译自国外的"Crowd Funding"一词，意思是大众筹资或者群众筹资，香港译作"群众集资"，台湾译作"群众募资"，是指一种向群众募资，以支持发起的个人或者组织的行为。它具有门槛低、多样性、依靠大众的力量、注重创意的特征。众筹利用互联网和SNS，让小企业家、艺术家或者个人对公众展示他们的创意，争取大家的关注和金钱的支持，进而获得自己所需要的资金援助。

目前，我国的众筹项目主要可以分奖励众筹、股票众筹、公益众筹和债权众筹四种模式，涵盖了地产、旅游、教育、农业、电影、游戏、体育、图书出版、音乐及演出、绿色能源、科学、矿业和医疗等多个领域。

1. 奖励众筹也叫回报众筹，它的表现形态可以总结为"团购+预售"，即筹资人作为感谢会给投资人或支持者以产品实物和服务的回报。在项目还没有完全开始的情况下先筹资，有了足够资金后把产品成功生产出来，并按其之前的承诺进行实物回报。奖励众筹可以让创业者在资金不够时，通过提前预售其产品和服务来筹集资金，缩短了资金链。也就是说投资者给创业者钱，创业者给投资者产品或服务。目前国内大部分众筹平台采用这种模式运行。

2. 股权众筹是指投资人将资金以股权方式投入筹款人的企业，并获得一定比例的股权，在筹款人的企业上市、挂牌或被收购后取得相应收益，其直接表现形态是集资。简单来说，投资者给创业者钱，创业者给投资者公司股份。

3. 公益众筹是由慈善发起人利用其公信力和系统的风控管理发起，投资人不期待任何回报。现在这样的公益众筹在各个平台都有，很多非政府组织就采用这种模式为特定项目进行募捐，跟传统的募捐活动的不同之处在于，公益众筹模式通常是为某一特定项目募捐。捐赠者由于知道募捐款项的具体用途，从而更愿意捐赠较高数额。公益众筹捐赠者的主要动机是社会性的，并希望长期保持这种捐赠关系。

4. 债权众筹是投资者对项目或公司进行投资，取得项目或公司一定比例的债权，未来获取利息收益并收回本金。简单来说，投资者给创业者钱，创业者之后还投资者本金和利息。

众筹作为新的金融模式，具有互联网金融的普惠特征，推动了金融领域的新创新，未来具有极大的发展潜力，有利于解决中小企业融资难的问题，降低融资的风险。众筹借助于互联网传播，更加方便快捷，并且成本低廉，信息交互性强，项目融资人和投资人都可以快速、高效找到自己所需。众筹以其独特的魅力受到大众以及资本家的追捧，

众筹的定义	众筹的特点	众筹的分类
●群众个人或组织发起的金融行为	●门槛低 ●多样性 ●创新性	●奖励众筹 ●股票众筹 ●公益众筹 ●债券众筹

扩大了新的创意、事件、活动的融资途径，也为天使投资人、创业投资、私募股票投资提供了更加准确的参考信息，那就是来自市场的检验。

众筹在全球都是高增长的模式，根据世界银行2013年的报告，预计到2025年，发展中国家众筹规模将达到960亿美元，而500亿美元是在中国。相对于国外市场，我国国内众筹还处于初期阶段，未来的发展空间很大。但是国内众筹网站众多，发展参差不齐，从统计的8月下线或者链接失效的数据看出投资风险很大。其风险主要有以下几种。

首先是来自法律法规监管缺失的风险。目前我国众筹融资尚处于起步阶段，存在很多法律风险，尚缺乏针对众筹融资进行监管的法律法规。目前，众筹容易卷入非法集资，尤其是股权式众筹，最容易被指擅自发行股票。众筹融资企业的发展正处于探索阶段，众筹融资很可能踩踏非法集资、非法发行证券等法律"红线"。

其次是非标准化风险。在众筹融资平台上，投资门槛低，各家都只有自己的流程和标准而没有统一的行业标准，项目能否上线最终只是依靠某一团队的经验判断，而且投资者分散，相互之间很少有联系，对拟投资的项目或企业缺乏实际的了解，对项目的运行也难以监管。有些信用等级低下的筹资者在众筹平台上筹集到资金后往往跑路，这就大大增加了筹资者欺诈的风险。

最后是信息不对称的风险。大多投资者缺乏专业的投资知识，对众筹项目的收益形式和风险不甚明白，而众筹平台上的项目更是五花八门，一些欺诈行为也会打出高收益的"噱头"吸引投资者投资。由于众筹参与的门槛相对较低，出资金额少，其中的风险更容易被忽略，造成损失后，维权更加困难。

投资众筹要选择一个好的平台，目前市场上鱼龙混杂，每月都有倒闭的平台，选择要慎重，即使是正规的平台，项目也有风险，对于高收益的项目一定要多考察。

余额宝理财的注意事项

仍然记得 2013 年朋友打电话告诉我说："快点把零钱从银行转到余额宝，它的利息太高了，6% 啊，比银行 5 年定期都高。"相信很多人跟我一样，从那年知道了还有一种叫作货币基金的短期理财收益居然如此之高，从此，余额宝成为大众所熟悉的活期理财产品。

余额宝是支付宝打造的余额理财服务，但它不是支付宝，把钱放在支付宝的余额中是没有利息的。我们把钱从别的地方转入余额宝就是购买了由天弘基金提供的天弘余额宝货币市场的基金，可以获得利息。利息会自动再变成本金，再生利息，就是所谓的"利滚利"，让钱为我们生钱，所以被人说是"躺着也能赚钱"。

用余额宝理财会有风险吗？目前所有基金中，货币基金的安全性是最高的。不过购买货币基金，不等于把资金作为存款，存放在银行或者存款类的金融机构。任何基金公司不保证基金一定盈利，也不保证最低收益。虽然从出现到现在为止，余额宝没有亏损过，可是只要是投资，都是有风险的。如果觉得这样的风险也不喜欢，那么就把钱存在银行吧，相对来说是最安全的。

余额宝的风险主要有哪些呢？首先是货币基金收益不稳定。它主要用于投资国债、银行存款等有价证券，收益受到货币市场的波动而不稳定。它不等于将资金作为存款存在银行，不能保证基金肯定盈利，也不能给你保证最低收益。

尽管余额宝的基金经理表示，出现负收益的可能性几乎没有，但金融领域里的"黑天鹅"事件也还是发生过。像美版余额宝 Paypal 的货币市场基金，因为金融危机出现大幅度亏本，而无奈退出市场。

我们不能因为有人帮自己打理而偷懒，要经常关注货币基金市场、整体走向和国家的利率政策。发现风险上升的苗头，或者达不到自己的投资要求时，可以退出观察一段时间，等情况稳定了再投入。

其次还有手机、身份证丢失、账户被盗等风险，不过这个即使是在银行也会有一样的风险。如果出现上述情况应立即挂失手机号，并联系支付宝客服 95188 冻结支付宝账户，然后挂失身份证。

之前就出现过好几起用户余额宝资金被盗事件。那些人借用户网购、下载的机会，把木马病毒伪装成图片、网址或二维码等形式，诱使用户安装木马，用户一旦使用余额宝，木马就会通过篡改页面或金额的方式使资金自动转账。

除此之外，还有人通过用假身份证补办他人的手机 SIM 卡，通过手机短信修改支付宝密码实施资金转移。不过余额宝承诺如果用户被盗，只要不是用户自己的问题，支付宝都会极速赔付，最多赔付 100

万元，这个比银行好多了。

然后就是流动性风险，也称为挤兑风险。在 2014 年央行的一份报告中称，"宝宝"类理财产品存在类似存款挤兑的风险，多层次的系统性风险防范与救助机制需要完善，以免在极端市场情况下出现大量资金赎回，形成对金融市场和其他金融机构的冲击。天弘基金，应用大数据分析和用户分层刻画等技术，构建了余额宝的申购赎回预测模型，进而管理余额宝流动性风险，可实现涵盖 T+0、T+1、T+30 的预测，提升了天弘基金应对赎回的能力。

最后就是监管的风险。现在余额宝规模的确太大了，一些平时看起来不是风险的风险，可能会造成大的影响。这可能也是个人限额从 100 万元降至 10 万元的原因之一。

我们用余额宝理财，除了要了解它的风险，看这样的风险自己能否承受，还要知道它的收益情况，好做比较。一般 15 点之前转入余额宝的资金在第二个交易日由基金公司进行份额确认。对已确认的份额，基金公司当天产生的收益在次日下午 15 点之前在余额宝中显示。

如果在 15 点后转入资金，则会顺延 1 个交易日确认，双休日及国家法定假期，基金公司不进行份额确认。如果是周四 15 点后转入的话，只能等到下周一才能确认份额计算利息。如果想要投资，注意转入时间，最好在周四 15 点之前。

余额宝每天的收益都不同，收益计算公式 =（余额宝确认金额 / 10000）× 当天每万份收益。大家可以根据比较，确定自己是否进行投资，并且投资多少。

余额宝的收益每日结算，并且利息累积到本金继续产生利息，一般每天 15 点之前，前一天的收益到账。当天用余额宝消费或转出的那部分资金是没有收益的。

余额宝作为个人小额现金管理工具，风险低，收益也不错，平时放进去几千、几万元，购物消费都很方便，适合小额理财，建议根据自己的实际情况看看放多少。

微信理财通，实现零钱理财

小青每天早晨起来的第一件事就是拿起手机，看看微信理财通又给自己赚了多少钱。现在每次工资到账后，马上就转入理财通。每次看到理财通中金额的增加，小青就很开心。

微信理财通是跟蚂蚁财富类似的互联网理财平台，里面包含了货币基金、保险产品、定期产品、券商产品和指数基金共计五类理财产品，前四种都是属于稳健类的理财产品，风险等级属于中低风险，收益率为 4% — 6%，而指数基金属于风险等级高、申购赎回都有手续费的理财产品。

微信理财通中属于货币基金中的理财产品目前有四个，它们都是属于灵活存取的产品，和余额宝类似，不过余额宝只是由天弘基金一家，而微信中则是由汇添富基金全额宝余额＋、易方达基金理财、南方基金现金通 E、华夏基金财富宝四家基金组织。大家可以通过他们的 7 日年化率比较选择收益率最高的，也可以看随时更换，这样保证收益最大化。

汇添富基金全额宝余额＋（简称余额＋）作为支付的活期账户，可以购买微信平台上的所有理财产品，并且支持大额买入，不受银行卡支付限额的影响。一般银行手机端的支付限额是 5 万元以内，而使用它则没有这一制约。

如果想买微信平台的理财产品，可以先把钱转到余额＋，既有利息，又能购买时方便。不过如果是其他消费，比如去超市购物，则不可以直接用理财通上的钱支付（这个没有余额宝用起来方便），需要先把基金里面的钱转出，再用微信支付。

不过余额＋支持快速取出，在银行服务时间内取出该产品最快 5 分钟可以到账，每日 6 万元限额，超过这个取现额度则需要选择普通取出，每日不限额度，取出后下个交易日到账，注意周六、周日不算交易日。其他三种货币基金也是支持随时购买，随时可取，最快 5 分钟到账，快速取钱是每日限额 6 万元，普通取出不限额度，T+1 日到账。买卖注意不要赶在周五。

微信理财通中还有定期产品，主要是短期理财，一个月或两个月的。目前主要有三种，其中有民生加银基金管理有限公司提供的民生加银理财月度。这个属于封闭期一个月的理财产品，一个月内不可取出，到期后可以取出至余额＋、银行卡或者直接购买下一期。在到期日前一天 15 点前随时修改取出方式，可随时购买，1000 元起购，这个比银行人性化很多。

银行的这类定期产品都是最低 5 万元起购的，而一般互联网理财产品没有这种门槛。他们把互联网的开放精神发挥到极致。有的理财平台连这个 1000 元限制都没有。一般来说，这类定期理财产品利息比随时存取的高，大家可以根据自己资金什么时候要用，做出适合自己的选择。其他两种的定期理财也跟上面的类似，就是期限和收益率不同。

理财通中保险产品分为可以灵活存取的、千元起购的和封闭一个月的、万元起购的，它们是由各大保险公司发行、承保或管理的产品，受中国保险监督管理委员会监管；投资范围广，主要用于投资于流动性资产、固定收益类资产，不过不参与二级市场投资，安全性高，收益稳健。他们大多是 1000 元起购，随时可买，并且单笔不能超过 19.9 万元，收益计算时间与收益取出方式与上节的中定期产品类似。

理财通中券商产品很多，是由国内大型证券公司或其资管公司提供的，有固定投资期限的理财产品，主要包括集合资管计划、报价回购。

集合资管计划投资于流动性资产和固定收益类资产，收益稳定，以 2 月以上、1 年以内的封闭期为主，中低风险，一般 5 万元起购，以 1000 元的整数倍递增。报价回购是证券公司质押符合要求的自有资产，通过报价方式向符合条件的用户融入资金的交易，同时约定期到后还本付息。

证券公司提供足额质押物，由国家法定机构保管。报价回购属于低风险，都是 1000 元起购，以 1000 元的整数倍追加，每个交易日的 9 点开售，当日售完就只有等下一期，封闭期内不可取出。它们在购买后的封闭期收益率为约定值，并且首次买入该产品时，额外需要一天的时间来认证，T+2 日才开始计算收益。

微信的理财通和余额宝一样，都属于互联网理财产品，虽然说风险低，但是没有谁给你保证一定保本保息，任何投资都是有风险的。进行投资之前先判断自己的风险承担能力，再选择适合自己的投资组合。另外，微信也涉及像支付宝那样的盗号盗刷风险，使用时一定要注意网络安全。

比特币，是新投资还是骗局

2017 年年初，大熊在同事的鼓动下买了 2 枚比特币，当时是 7200 元每枚。自从买了这个之后，大熊的心就跟过山车一样，忽高忽低。有时一天一枚都能涨几百元，有时是跌几百元。后来自己实在受不了这个刺激，在涨到 2 万多元时卖了。同事继续持有，在涨到 3 万元时，同事还笑话大熊卖亏了。不过大熊很坦然，他想"只要赚了就好"。后来国家出台了有关比特币监管的政策，比特币的价格短短几天降到 16000 多每枚，大熊的同事后悔不已，最后忍痛低价清仓了。

疯涨的比特币引来了疯狂的追捧，以比特币为代表的数字货币带来的风险逐步扩大，被人利用，过度包装，虚假宣传等诈骗项目开始出现，很多打着加密数字货币的传销，像某福币、某星币、某华币、某行币等都是已经曝光的数字货币传销。一直主张价值投资的股神巴菲特说："比特币的内在价值几乎为零，这是一场海市蜃楼。"

对于比特币的态度，美国、德国和爱尔兰等国家在不同程度上认可了比特币，并着手修订法律加以监管，乌克兰也在召开会议谈论，不过中国、韩国、泰国始终未纳入"货币许可"的法定范畴。

虽然比特币背后的区块链技术，是值得更多人关注的，数字货币也将是未来货币的趋势，可是中国正在研究自己的数字货币，并且是基于中央中心化系统，不可能把比特币当作法定货币。

另外，比特币的最终总量只有 2100 万个，目前已经开采出 1644 万枚，未开采的只剩 456 万枚，如果全部开采完毕，排名前 500 名中比特币的持有量占市场总量的20%。过度集中将严重影响比特币流通，并且与其他货币相比，比特币的市场容量小，这意味着容易被人操纵，这些都注定了比特币不可能成为全球数字货币的最终形态。

比特币开始是在特定的人群手中流通，后来因为被发现，而有了投资的价值。又因为它的总数是有限的，并且稀少，正赶上目前各国都对数字货币的需求趋势。虽然未来数字货币有区块链技术，但并不是所有区块链技术的数字货币都能成为被认可、国家背书的数字货币。

于是很多投机的人觉得这是个好机会。投机的人越多，比特币的价格就水涨船高，越高就越受追捧。这就是投机人的特点，只不过大家都希望自己不是"接盘侠"而已。目前，比特币主要的用户群体为年轻人。

比特币交易中真实用于支付、购买的只占10% — 20%，剩下的都是投机者。投机比例如此之高，导致其价格也是大起大落，也许数分钟内跌涨幅都是几倍。价格波动如此之大的货币，怎么能在购买普通商品中使用呢？尤其是一笔交易最快5分钟，一般需要10分钟，这与现在越来越快的交易需求大相径庭。

比特币不能用来交易使用，又不能获得国家的认可，价格波动又这样大，在不久的将来，我国推出自己的数字货币，那时拿着比特币的人该如何是好？我们做的是投资，不是投机，不能在看到别人赚到钱时眼红冲动，忘记投资的初衷是首先学会保本，不能在巨大利益之下迷失自己的投资原则，不了解的不投资，不借钱投资，不要相信一夜暴富。

如果真的想去投资，那么在投资之前问问自己：价格波动如此之大且频繁，自己的心脏能受得了吗？自己真的了解比特币吗？自己是否有金融操盘手的能力？自己有时间一直看盘吗？万一亏了，自己能承受这么大的压力吗？

　　赚钱的机会有很多，不能在明知是坑的时候还往下跳，跳之前想的是自己能保持冷静，这样肯定不会做最后的接盘人。只不过身在局中之后就忘记了最初的想法，最后除了悔恨还是悔恨。

第三篇

投资靠的是脑子，不是运气

第一章
投资智慧，配置投资

投资智慧：一鸟在手胜于二鸟在林

伊索寓言之中有这样一个故事：一只夜莺不小心被老鹰抓住，眼看自己的性命即将不保，夜莺试图说服老鹰放掉自己，它的理由是自己太小，没有办法让老鹰饱餐一顿，所以它建议老鹰去树林里面抓只更大的鸟。

但老鹰对于这个提议却不以为然，它认为要是为了期待自己能够抓到一只更大的鸟，而放弃已经到手的夜莺，那是笨蛋才会去做的事。

"一鸟在手胜过二鸟在林"这句话便是出自这个故事，意思是人不应该为了追求另一个东西，而选择冒险放弃已经拥有了的事物，慢慢地，这句话也成了一种投资理财观念。

现在你的手中有 5000 元，有两个可以让你手中的钱升值的投资机会可供选择，一个投资机会风险很小，而你能够获得的收益也是比较小的；另一个投资机会可能让你这 5000 元瞬间翻倍，同时也可能会让你变得一无所有，在这个追求高收益的过程中，你将会承受同样高的风险。

面对这两个投资机会，你会怎样去选择？在这种情况下，正常来说，大多数人会选择第一种风险较小的投资机会，当然也会有少部分人想要冒险博一下，让资金瞬间翻倍。因为每个人的投资眼光和心理都不同，所以对于这样两种截然不同的投资行为，我们没有办法轻易断言哪一种是更为优秀的，但可以肯定的是，第一种投资机会是一种普遍的，并且适合于大多数人的投资方式。

第一种投资行为也可以被称作为低风险投资。在每一个投资者的投资行为之中，低风险投资是十分必要的，几乎没有人会将自己全部的财产投入高风险的投资机会之中，即使这意味着他可能会获得同样高额的回报，也不会有人去这样做。所以很多时候，低风险投资会是大多数投资者的一个重要的投资方向。

第二种投资行为基本上可以算作一种高风险的投资，虽然可能会获得高收益，但这也意味着如果投资失败，投资者损失的将不仅仅是自己的资金，投资者的损失还需要加上如果这笔资金投入低风险的投资机会中所能够获得的收益。正如前面所提到的"一鸟在手胜过二鸟在林"一样，投资者如果没有抓住林子中的大鸟的话，自己手中的鸟也将会成为他的损失。

"一鸟在手胜过二鸟在林"的投资理念最早是由巴菲特提出的。在一次回答股东的提问时，巴菲特引用伊索寓言之中的这个故事，他认为想要估算出林子之中小鸟的价值是否能够超过放弃到手小鸟的价值，需要首先考虑几个问题：你有多么确定树丛里真的有小鸟？小鸟什么时候会出现以及会有多少只小鸟出现？无风险利率是多少？

在巴菲特看来，如果能够回答出这三个问题，那么就能够知道这片树林的最大价值是多少，以及现在需要拥有小鸟的最大数量是多少，这样才值得你放弃现在手中的小鸟，去树林之中寻找更多的小鸟。而在现实的投资之中，我们要考虑的这些小鸟就是现金。

从巴菲特的话语中，我们便可以得到一个最为基础的投资智慧，投资要稳健，在投资上一定不要去做"没有把握的事情"。对于巴菲特来说，"规避风险，保住本金"永远是投资的最高智慧。即使是在市场最为亢奋、形势最好的时候，也要时刻保持内心的稳健，对于各种投资机会认真分析，从而做出正确的决断。

巴菲特的做法正如《伊索寓言》中的老鹰一样，首先保住到手的利润，然后再去考虑其他方面的投资。而正相反，市场上的大多数投资者都是在不清楚风险或者自己并没有承担风险的能力的情况下进行贸然的投资，以求获得高额的收益，最终导致自己陷入亏损的泥沼之中而无法脱身。

王林是一名刚刚毕业的大学生，毕业后回到家乡工作，因为吃住都在家里，每个月都能够剩下 2000 元左右。为了让手中的钱能够获得增值，王林跟随自己的领导一同把钱投入到股票之中。开始时股票的价格始终保持上涨的趋势，但没有想到仅仅半年时间，股票价格就开始走低，很快，王林投的钱就被套牢了。因为害怕继续亏损，王林只得低价卖掉了自己的股票，最终半年时间，钱没有赚到，反而还亏损了一部分。

王林的状况就是典型的对于风险以及自身承受风险的能力预估不足，从而导致了自己在股票投资方面的失败。如果在最初阶段他能够选择一种更为稳健的投资方式进行投资，那么经过半年的时间，他不仅能够将每月省下的钱积攒起来，同时还能够获得一笔额外的收益。虽然这笔收益并不会太高，但至少要比本金亏损好得多。

对于风险的把控以及投资机会的预估，会因为各人的知识水平不同而有所区别，这也是不同的人选择不同的投资方式的原因所在。但无论是谁，无论选择哪一种投资方式，有一点是相同的，那就是每一个投资人都应该学会"规避风险，保住本金"，可以说这是投资最基础的智慧之一。

复利：让财富滚雪球的法宝

在很久以前，一个年轻人发明了国际象棋，这一新奇的发明让国王很是高兴。为此，国王问年轻人有什么要求，年轻人便说希望国王能够在他设计的棋盘上面赏赐一些粮食，在棋盘的第一个格子中放一粒麦子，第二个格子中放前一个格子的两倍，然后依次类推，直至将棋盘上的 64 个格子全部摆满。

国王认为这个要求实在是再简单不过了，便同意了。但令他没有想到的是，自己国库中的粮食竟然没有办法满足这个年轻人的要求。虽然年轻人最初只要了一粒粮食，但随着棋盘格子的增加，最后要满足年轻人的要求，至少需要十万亿吨的粮食。

在上面的故事之中，年轻人的要求乍一听似乎十分简单，但如果通过细致的计算之后就会发现，年轻人最初要求的一粒粮食经过很多次的翻倍之后，变成了一个难以想象的庞大数字。而这样的故事在我们的现实生活之中也是经常发生的，巴菲特在最初进入投资领域时，只在亲戚朋友那边凑到了 10 万美元，但到了现今，巴菲特的财富已经超过 600 多亿美元。

巴菲特的投资财富积累的速度令人惊讶，而在这个过程中，将复利原理应用到极致成为巴菲特成功的一个重要因素。上面的小伙子之所以能够将国王的所有粮食全部赢来，也正是应用了复利原理。

那么什么是复利原理呢？其实简单来说，复利就是利加上利，是指一笔存款或者投资在得到了回报之后，投资人不将收益取出，而是继续连本带利进行新一轮投资的方法。也就是说，当我们投资 1 万元，一段时间之后获得了 500 元的收益，然后继续将这 1 万元的本金和 500 元的收益作为下一次投资的本金，循环往复，如果在收益率不断增加的情况下，投资的年限越长，所获得的收益也就越高。

复利原理有一种神奇的魔力，就像是滚雪球一样，最初双手便可以握住的雪球，不断滚到了比一个人还要大。想要将雪球滚得越来越大，一方面需要长时间的坚持，另一方面则需要充足的雪作为基础，复利原理也是如此。

复利的计算公式十分简单：本息和 = 本金 ×（1+ 利率）n，其中

10 万元本金在不同收益率下的复利收益

单位：万元

	收益率0.44%	收益率3.5%	收益率6%	收益率10%	收益率19.8%
5 年	10.22	11.88	13.38	16.11	24.68
10 年	10.45	14.11	17.91	25.94	60.89
15 年	10.68	16.75	23.97	41.77	150.26
20 年	10.92	19.9	32.07	67.27	370.8
25 年	11.16	23.63	42.92	108.35	915
30 年	11.41	28.07	57.43	174.49	2257.9

n代表的是投资期数，利率则是投资的年回报率。从这个简单的公式之中，我们可以看出，影响最后本金和的因素包括本金、利率（回报率）以及投资期数（时间）。在这个公式之中，本金和投资期数基本上是根据投资人的意愿来确定的，而利率则是由投资不同的事物所决定的。

　　一般来说，进行正常的银行储蓄行为来获取复利收入是一种风险较小、获益比较稳定的投资行为。基本上，银行的年利率在很长一段时间里，不会出现太大幅度的浮动，一般都是在国家政策调整之时，会出现一定程度的上升或者下降。但从整体来看，其利率相对来说还是稳定的。

　　对于股票或者基金的投资，其所承担的风险一般较大，但同时所能够获得的利率（回报率）也是相对较高的，但在进行较长时间的复利投资时，股票和基金的利率的浮动是很难去把握一定的规律的，既有可能出现利率的迅速上涨，也有可能出现利率的瞬间下跌。这对于复利投资来说，是一种十分不稳定的因素。但一般而言，投资股票或基金的利率要远高于银行储蓄。

　　在复利投资过程中还有一个重要的问题，就是投资期数，也就是时间的问题。之所以大多数投资者认为复利投资并没有太大的价值，是因为他们并没有去详细了解复利，也没有长时间坚持下去。从复利投资的公式中可以看出，想要让资金更快地增长，从而最终获得更高的回报，长时间的投资是十分必要的。

　　时间与复利的关系并不难理解，假设张先生在20岁的时候拿出了1万元进行投资，直到60岁时再取出这部分钱，这项投资的年回报率为20%，并且在这40年之中始终没有发生改变，那么张先生的这1万元投资在他60岁时通过复利原理便可以变成1469.万元。

　　在这一方面，长期持有具有竞争优势企业的股票，将会为投资者带来巨大的财富。对于投资者来说，想要通过复利来获得财富增值，最重要的就是长期持有，同时耐心地等待企业股价的上涨。随着企业的不断发展，其股价必然会随之水涨船高，据此，投资者便可以通过复利所累积起来的力量来获得巨额的财富。

关于复利，还有一个十分有趣的故事。我们知道诺贝尔基金会成立于 1896 年，是由诺贝尔捐献了 980 万美元而建立的，诺贝尔奖每年都会颁发，为什么过了 100 多年，诺贝尔的这些钱还没有发完呢？

其实诺贝尔奖金的"取之不尽"便是使用了复利的魔力。在最初诺贝尔基金会成立时，为了保证奖金能够不因风险投资而亏损，基金会最初的章程便规定诺贝尔的这笔资金只能用于投资在银行存款和公债上。按理来说，这种风险较低的投资应该能够在保证本金的同时，每年都获得固定的收益。但实际上，在此后的 50 多年时间里，诺贝尔基金会的资产流失 2/3，到了 1953 年只剩下了 300 多万美元。

事实上，在当时的 300 多万美元，因为通货膨胀的原因，在 1896 年的价值仅为 30 万美元，眼看着诺贝尔奖金马上就要发完了，基金会开始向外寻求"援助"。他们找到了麦肯锡，将手中的 300 万美元银行存款转为资本，通过专业的投资人员进行股票和房地产方面的投资。自此之后，诺贝尔基金不仅从来没有减少过，而且在 2005 年，基金总资产增长到了 5.14 亿美元。

可以想象如果没有这种长线的复利投资，诺贝尔捐献的奖金早就被发放没了，而正是通过这种复利收益，诺贝尔基金才一路走到了现在。

当然，进行复利投资，本金也是一个至关重要的因素，本金越多，复利收益的增长就会越大。复利收益是由本金、利率、投资期数（时间）来决定的，任何一个因素发生变化，都会影响到最后的收益。这也就表明想要在复利投资之中获得收益，拥有充足的本金，选择合适的投资渠道，拥有足够的耐心和精力是必不可少的三个条件。

安全边际：投资永不亏损的秘诀

在一堂投资课上，一个刚刚接触投资的年轻人小白向讲师请教了一个问题，他问："有没有一种投资方式能够保证不亏钱呢？"课堂因为小白的提问瞬间欢乐起来，"竟然有人问这么蠢的问题"，"有不亏钱的方法，还会告诉你么""人人都不亏钱，怎么可能"。在其他人叽叽喳喳的议论之中，讲师对小白说道："当然有能够不亏钱的投资方式，而且只要你掌握了这种方法，进行什么投资，你都可以保证不亏钱。"

随后讲师又接着说："但想要了解这种方法，你首先需要弄明白为什么承重3吨的拱桥却只允许2吨以下的车辆通过。"在回答完小白的问题之后，讲师继续按照自己的内容讲课，小白的思绪却早已被讲师所提的问题带到了九霄云外。

为什么实际承重3吨的拱桥只能允许2吨以下的车辆通过呢？巴菲特提到过这个问题，他说："我建一座能承重3万磅的桥，却只让1万磅的车通过，这样就算我大意了、失算了，漏放了一辆12000磅或者13000磅的卡车过去，也不至于桥毁人亡。"而讲师所说的问题和巴菲特所提到的问题大同小异，之所以只让2吨以下的车辆通过是为了留出一些犯错误的空间，减少出现危险的可能性。

那么拱桥的承重和投资行为又有什么关系呢？小白继续查找相关资料，终于，他发现了一个概念——安全边际，拱桥的限重正是为了留出一定的"安全边际"。如果在投资行为之中，留出的安全边际越大，最终会出现亏损的可能性也就越少，也就是说安全边际是保证投资行为永不亏损的秘诀所在。

安全边际是价值投资两个基本概念中的一个，另一个与之相关的基本概念是成长性。安全边际这个概念最早由本杰明·格雷厄姆提出，顾名思义，其代表的就是股价安全的界限，内在价值与价格的差额就是安全边际。

在格雷厄姆看来，值得买入的偏离幅度必须保证买入是安全的，最佳的买点是即使不上涨，买入后也不会出现亏损。所以说，安全边际越大越好；安全边际越大，投资获利的可能性也就越高。

其实想要理解安全边际并没有那么复杂，举一个简单的例子，我们现在手中有一笔钱，想要投资一些实体商品，你发现现在市场上的大蒜要 5 元一斤，但实际上，在分析了它的整个生产流程的支出之后，你会发现大蒜的实际价值也就只有 2 元一斤，那么现在我们便得到了两个与安全边际至关重要的数值，那么怎么获得安全边际呢？

物品的价格与股票价格很相似，都存在一定的涨跌空间，还用上面的大蒜为例，现在大蒜的实际价值是 2 元一斤，市场价格是 5 元一斤，那么当我们按照什么样的价格买入时才能保证稳赚不亏呢？可能很多人认为，3 元、4 元都可以啊，反正低于市场价格都可以赚钱啊。但实际上，真正的商业买卖之中还需要考虑货物的运输成本、可能会出现的打折销售，以及市场的恶性竞争等因素，当我们花费 3 元、4 元购进大蒜时，如果别人以 2.5 元一斤出售大蒜，我们岂不是要吃大亏了么？

那么究竟要多少钱买入大蒜才合适呢？正如前面所说，大蒜的价格会因为各种原因出现涨跌，而很显然，当大蒜的进价低于他的价值时买进无疑是最好的。实际价值 2 元一斤的大蒜，当我们以 1.8 元一斤购进时，就相当于获得了 10% 的安全边际；而当我们以 1.6 元一斤购进时，就获得了 20% 的安全边际。

从上面的例子可以看出，安全边际实际上是相对于价值的一个折扣，并不是一个固定的数值。可能在实体经济市场之中表现得并不明显，但在股票市场之中，股票的实际价格低于内在价值的情况是经常会发生的，而在这时，安全边际就产生了。

安全边际的作用主要就是防止我们因为一些分析的错误导致投资出现损失。正如上面所提到的大蒜的例子，如果我们以 3 元或是 4 元一斤的价格买入大蒜，那时是没有安全边际的，我们很容易出现亏损。而当以 1.8 元或是 1.6 元一斤的价格买入大蒜时，就有了安全边际，安全边际越大，我们出现亏损的概率就越小。

在股票市场之中，我们在对一个企业进行投资时，出现分析错误的概率是很高的，这个时候，安全边际就能够保障我们不会亏损得太多。当然安全边际的价值不仅仅是为了防止我们出现亏损，更为重要的是，它能够帮助我们获得更高的收益。

试想一下，当你在股价 2 元时买入一只股票，实际上它的内在价值是 4 元，那么我们便获得了 50% 的安全边际，而你的朋友在 4 元的时候买入了与你同样多的股票，这时他并没有获得安全边际。股价继续变动，上升到 6 元时，你将获得两倍的收益，而你的朋友会获得 50% 的收益。但如果股价下降到 3 元时，你将会获得 50% 的收益，而你的朋友则会出现亏损。

可以说安全边际影响着我们投资的盈亏，那么是不是说，在市场低迷的情况下买进具有很大安全边际的股票是一种明智的选择呢？事实上，这种做法是否明智，需要我们再去考虑价值投资之中的另一个概念，那就是成长性。

我们经常会在股票市场上听到市盈率这个词，经常听到某某公司有 5 倍的市盈率、某某公司有 10 倍的市盈率。那么是不是说这些企业就是值得投资的呢？这就需要具体问题具体分析了。虽然这个企业在现在拥有 10 倍的市盈率，但从长远来看，它的发展战略是否正确？管理层是否具有优秀的管理能力？企业产品的市场前景是否广阔？总体来说，就是需要考虑企业未来成长性的问题，即使这个企业拥有 50 倍的市盈率，但短短一年就走向没落，那么再大的安全边际也是没有意义的。

虽然安全边际很容易理解，但真正能够判断好安全边际还是很困难的，如果股票价格持续上升，安全边际可能要很长时间才会出现。在格雷厄姆看来，人一生的投资是一个漫长的过程，不要试图每天都去进行交易，我们进行投资，更多的时候是在等待。他认为，在一个不确定的时间段内，总会出现一个完美的高边际时刻。

善用投资组合，降低投资风险

王奶奶自己一个人生活，儿子和女儿每个月都会给自己一部分钱，加上自己每个月的保险收入，王奶奶每年都会节省下来几万元。儿子和女儿建议母亲将这笔钱投资到房地产市场之中，几年的钱就可以买一套房子。但王奶奶因为害怕出现风险，所以执意要将钱放在银行之中，那样每年还能够获得利息。几年之后，王奶奶的钱的确增加了不少，她发现虽然现在的钱变多了，但是连一套房子也买不起了。

从王奶奶的故事之中我们可以发现，虽然放在银行之中的钱的确变多了，但由于房屋价格上涨的速度过快，使得原本能够买得起的房子到现在买不起了。那么王奶奶的这种投资行为是不是错的呢？

事实上，单从投资行为上来讲，王奶奶因为思想方面比较保守，对于投资理财不太了解，所以选择银行储蓄作为投资的主要方式，这是一种十分常见的投资心理和投资行为。很多保守的投资者都会将银行储蓄作为自己的首要投资选择，所以并不能说王奶奶这种投资行为是错误的，但如果王奶奶能够拿出一部分钱投入房地产市场之中，随着房地产市场的发展，那么她现在所获得的钱将会更多。

　　张先生是一名技术工人，因为近几年工厂的效益很好，加上自己在工作之中的努力，轻轻松松就积攒了一笔存款。对于这笔存款，张先生的妻子认为应该首先给孩子缴纳一些商业保险，孩子正处在顽皮的年纪，经常会出现各种伤病，而且最后还能够获得收益。

　　张先生的母亲则认为应该将钱存入银行，这样不仅能够获得利息，而且随时用钱还能够随时取出来。张先生则认为现在股票正处在"大牛市"，投钱就能够赚钱，投股票才是最好的选择。最终张先生将自己积攒的存款全部投入股票市场之中，但没有想到经历了一段时期的上涨之后，股票的价格一路走低，为了能够尽可能地减少损失，张先生只得抛出了所有股票。

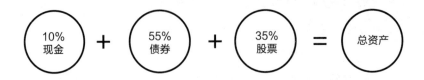

从张先生的经历之中，我们可以看到，张先生将所有的资金全部投入到股市之中。虽然在前期赚到了一些钱，但随着股票市场的急转直下，张先生的股票开始出现亏损，最后只能抛售手中的股票。

对于张先生来说，可以选择的投资方式有很多，正如其妻子和母亲所说，投资保险和存入银行都是不错的选择，当然张先生进行股票投资也是一种正确的投资行为。我们之所以说张先生的投资存在问题，主要是因为他"将所有鸡蛋放在了同一个篮子里"。

在进行投资时，有的投资者比较保守，不喜欢承担太大的投资风险，所以将自己的钱全部放在银行之中生利息。有的投资者则比较执着，喜欢选择单一的投资工具进行投资；而有的投资者则更加偏好于做短期投资，只要哪个投资方式流行，就会一股脑地投入其中。可以说，这几种投资者在进行投资时，都存在一定的问题，最主要的就是资金的投资太集中于一个方面。

那些"将所有鸡蛋放在了同一个篮子里"的投资者，缺乏一种分散投资风险的观念。由于社会经济的不断发展，在投资领域可供选择的渠道也不断增多，选择单一的投资渠道进行投资越来越不适合现今的投资形势，而且风险系数相对较高。为了适应新的投资形势，"投资组合"的投资观念也应运而生。

随着市场经济的发展，投资工具越来越多样化，银行存款、股票、房地产、基金、黄金、债券等种类繁多的投资工具让投资者有了更多的投资选择。由于每一种投资工具在操作方法上都各不相同，所以想要运用好更多的投资工具，就需要全面了解这些投资工具，至少首先要了解这些投资工具的基本知识，而后要做的就是根据自己的个人习惯以及财务状况来选择合适的投资工具进行投资。

不同的投资工具有着不同的特性，一般来说，风险性和收益性是两个比较重要的特性。相对而言，银行存款的安全性最高，但收益性较低；股票和基金收益性较高，但风险性同样较高。同时在选择投资工具之前，还需要掌握投资工具的变现性，像房地产投资的变现性就较低，需要及时变现的投资者需要仔细考虑这一点。

投资者在选择投资工具时，一定要善于运用"投资组合"，并且根据个人的"能力"来进行投资。这里所说的"能力"指的是个人的投资水平以及财务水平。投资者可以根据自己的兴趣和专长来选择几种投资方式，然后进行合理的搭配组合，从而减少投资可能出现的风险，最大程度地获得收益。

在具体投资组合的比例分配上，最为主要的还是要根据个人能力、投资工具和市场环境来进行灵活的分配。对于相对保守并且资金不多的投资者来说，简单的投资组合是一种较好的选择。如果是比较喜欢冒险的投资者，可以试着选择一些收益性较高的投资工具进行投资组合。

投资者要清楚的是，前面所说的投资组合是在几种不同的投资工具之间进行选择，而不是在一种投资工具中进行组合分配。使用投资组合的方式进行投资可以降低投资过程中出现的风险。一般来说，在进行投资组合时，选择银行存款作为一种理财方式的投资者数量还是非常多的，无论是保守的还是激进的投资者，都会将银行存款作为一种保底的选择。在进行投资组合时，最保险的投资工具一定要占据一定的比重，最好不要将全部的资金都投入到高风险的投资项目之中。

善用投资组合进行投资，可以分散投资的风险，从而在整体上保证投资的收益，是投资理财的一个重要方法。

永远在理想价位买进

1988 年 6 月，可口可乐公司的股票价格在每股 10 美元左右，1989 年 4 月，巴菲特花费 10.23 亿美元购买了 9340 万股可口可乐的股票，平均下来，每股的价格大约是 10.95 美元。到了当年年底，巴菲特的伯克希尔·哈撒韦公司已经拥有 35% 的可口可乐股票。

自从 1983 年开始，可口可乐公司的股票每年都保持着 18% 的增长率，而巴菲特始终观察着可口可乐公司的股价走势，但因为股价的长时间上涨，巴菲特始终没有找到合适的购买时机。一直到 1988 年，可口可乐公司的股票开始出现下跌，股票市场的价值在 150 亿美元左右，巴菲特果断出手，毫不犹豫地买入了大量可口可乐公司的股票。

股票作为一种高风险高回报的投资方式，一直受到众多投资者的喜爱。股票市场中的风险无处不在，没有人能够在其中完全幸免，但却仍然有越来越多的人纷纷投入股票市场之中，他们希望自己手中的股票能够像竹子一样节节攀升，从而为自己带来丰厚的收益。虽然在这个过程中要承担很高的风险，大多数人仍然乐此不疲。

买股票的人都希望自己能够从中获利，并不是每一个人都能够如愿以偿，其中涉及的因素多种多样，其中有一点无疑是每一个人都必须要面对的，那就是股票的买入价格。以什么样的价格买入股票，才能够保证自己赚到钱呢？

当然是越低的价格越好了，这可能是那些不懂股票的人，或者是没有运用大脑思考的投资者会说出的答案。众所周知，股票市场风云诡谲，股票的价格也始终处在变动之中，各种各样的因素都可能会影响到股票的价格走向。股票价格在下降时，没有人能够确定它会在哪个节点重新上涨；而当股票价格在上涨时，也没有人能够确定它会在哪个节点开始下降。这就是股票市场的风险，也是股票市场的魅力所在。

对于投资股票的人来说，选择一个合适的买入价格是十分重要的，好的开始是成功的一半，在正确的价格买入股票是股票投资成功的关键。当然，影响股票价格的因素有很多，即使是在股票价格下降的时候，我们也很难判断出股票的价格将会下降到哪个阶段，买早了，股票价格还会下降；买晚了，则会失去最佳的买入时机。

正如前面所提到的例子一样，如果放在其他人的手中，可能还会继续等待可口可乐公司的股票下降一点，然后再选择买入，毕竟越低的买入价格将会为投资者带来越高的投资回报。但在这种等待的过程之中，投资者很有可能失去最佳的买入时机，可以说等待最低价位的到来也是一种具有风险的行为。

在选择股票投资时，并不是每一个投资者都能够很好地把握到公司股票在什么时间会处在低位，所以他在进行投资时，更多地选择在理想价位时买进。正如购买可口可乐公司的股票一样，并不是等到它下跌到最低点时购买，而是在理想的价位买进。

那么什么是理想的价位呢？当然不是我们每个人心里所想的价位，而是根据一定的方法来推算出来的一个合理的价位区间。在这里，我们还是要提到前面章节所谈到的一个概念——安全边际，同样，我们依然用巴菲特购买可口可乐公司股票的例子来讲述。

首先巴菲特购买可口可乐公司的股票时，可口可乐公司的净盈余率并不高，而巴菲特购买股票的价格还要远超于当时可口可乐公司股票的账面价格。那么为什么巴菲特会做出这样的举动呢？或者说巴菲特看中了可口可乐公司的哪里呢？

我们回忆前面所谈到的与安全边际并列的价值投资的另一个基本概念，也就是成长性。对于巴菲特来说，可口可乐公司虽然净盈余不高，但却有着很不错的成长性，可口可乐公司极高的商业信誉就是未来可口可乐获得盈利的保障。

在确定可口可乐公司具有优越的成长性之后，巴菲特便开始考虑安全边际的问题。一般来说，一个公司的价值只要体现在公司发展期间流动现金的数量，然后再通过适当的贴现率来折算成现值。当年，可口可乐公司的流动现金数量差不多在 8 亿美元，用贴现率折算之后，其公司的价值大约在 92 亿美元。但当时，巴菲特在购买可口可乐公司时却付出了远高于可口可乐公司价值的市场价值（当时可口可乐公司的市场价值为 148 亿美元），很多人对于巴菲特的这种投资行为十分不理解。

正如巴菲特所说："对公司经营管理业绩的最佳衡量标准，是取得较高的营业用权益资本收益率（没有不合理的财务杠杆、会计操纵等），而不是每股收益的增加。"当时，可口可乐公司增加股东盈余的方式主要是无风险报酬率和股东盈余成长率的差额。

在 1981 — 1988 年间，可口可乐公司的股东盈余增长率始终保持在 18% 左右。到了 1988 年，可口可乐公司的股东盈余已经达到了 8 亿美元。正是基于这种数据，巴菲特推定如果可口可乐公司能够在未来十年内始终保持 15% 的比例继续增加股东盈余，那么十年之后的股东盈余将会达到33亿美元，通过贴现率折算之后，可口可乐公司的实际价值将会达到484亿美元。

想要获得收益，依靠低买入价是十分正确的，但没有人能够完全把握住每一个股票的价格拐点在哪，所以在理想的价位买进才是一种相对稳妥的投资方式。通过综合把握企业的内在价值以及股东盈余报酬率等因素，掌握合适的安全边际，从而在理想的价位买入，才能够保证投资的成功。

"储蓄＝收入－支出"与"支出＝收入－储蓄"

1886年，甲午战争爆发8年之前，大清北洋水师应日本政府邀请派"定远"等军舰造访日本。当时，日本海军参谋伊东祐亨看到大清北洋舰队的军舰强大，料定中日必有一战，立即在海军部要求购入军舰，否则日本以后绝不是大清的对手。

日本海军部将请求汇报给天皇，天皇非常重视，当即做出指示，每年从国家财政里拿出一大笔钱交给海军购买军舰。当时日本财政并不富裕，财相左思右想，觉得没钱购买军舰，于是硬着头皮对天皇说，财政开支剩余的部分已经不够给海军支出。天皇想了想，大笔一挥，认为财政先满足海军的要求，然后再想政府运作，等给海军的钱支出去之后，如果不够，财政再想办法。

于是日本政府上下集体"勒紧裤腰带"满足海军的购舰要求，再加上全国上下的捐款，终于培养出一支强大的海军。

日本政府购入军舰的例子给我们上了一堂很好的理财课。购入军舰需要大笔的钱，如果将这笔钱看作储蓄，财政收入看作收入，按照日本财相一开始的设想，储蓄的钱就应该是收入的钱减去支出，但这样储蓄明显是不够的，于是天皇决定，让支出变成收入减去储蓄。

这个变化的两边，其实就是人们日常理财两种不同态度："储蓄＝收入－支出"和"支出＝收入－储蓄"。

很多读者看不出这二者之间的区别，事实上，它们反映的是两种截然不同的理财观念，读者在日常理财活动中具体执行哪一个公式，结果可能完全不同。

先来看第一个公式，"储蓄＝收入－支出"。这个公式是在获得收入之后，先不考虑储蓄等理财目标，而是先用来满足消费，在满足各种支出之后，如果还有剩余，就将它存起来作为结余。

这一公式可能是绝大多数人采取的理财方式，它反映出的是对财富没有计划，消费随意，储蓄盲目，缺乏整体的金融观念。在这种理财模式下，理财者能够积攒下来的金钱往往是非常少的，甚至有时可能是负数，那么可想而知，这种理财的效果绝不会很好。

在北京工作的郭亮，月收入 9000 元，在一起毕业的同学里，他这个收入应该算是不错的了，但工作四年下来，郭亮居然什么也没攒下，这令很多收入不如他的同学都很不解。

有人问郭亮为何会这样，郭亮回答说："自从第一个月发工资，自己渐渐觉得有钱起来了，想想 9000 元对于刚出校门的我是多大一笔数目。于是不是买衣服，就是出去旅游。当然有的时候也想着要存钱，但想想自己一个月有 9000 元这么多，少存个千八百元也不算什么，结果到了月底才发现，居然一分钱都没剩下。于是就安慰自己，这个月没存没关系，下个月开始也不迟，谁知第二个月还是这种情况，就这样，花钱变得越来越大手大脚，存钱的计划被一放再放。"

郭亮的经历应该让读者了解到前一个公式的弊端了，而后者——"支出＝收入－储蓄"呢？则会产生完全不同的另外一种理财结果。

"支出＝收入－储蓄"反映出来的是有计划、有目的的理财观念，它认为所有的支出都应该是必要的，如无必要，绝不会浪费积累下的资本。

后者的具体做法是，在取得收入后，先计划好需要储蓄多少钱以用于自己日后的必要支出，然后把剩下的部分用于日常支出，甚至是不必要的消费。当然，用于储蓄的资金数量应该是适当的、有计划的，不能因为过度追求储蓄而影响正常生活。

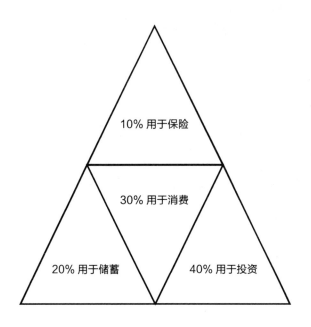

今年三十多岁的刘奥吉，在北京一家私营大企业上班，从事办公室管理工作，每个月的收入也是9000元左右。工作不到10年，现在刘奥吉在北京五环有一套房子，70平方米，市价约260万元，贷款已差不多付清；还拥有价值20余万元的股票基金，10万元的定期存款，并买了一辆15万元的轿车。

刘奥吉的资产让一起毕业的同学们诧异不已，纷纷向他请教持家的经验。刘奥吉表示其实自己也没有什么特殊的窍门，只是懂得合理分配自己的收入而已。

工资拿到手肯定要先保障自己的日常生活，但除此之外，刘奥吉便不再做计划外的支出了，他给自己制定一个每月存款数额，将要存的钱悉数存入银行或者进行投资，剩余的钱再用来其他支出。如果当月没有其他支出，那么剩下的钱还要存起来，如果当月有超过预计的支出，就从银行取出一点，但下个月一定要记得补上。由此，慢慢就积攒了一大笔资金，而同时由于刘奥吉又懂一点投资，将积攒的钱大多数用来投资，所以资产就多了起来。

由此可知，"储蓄＝收入－支出"与"支出＝收入－储蓄"虽然看似相同，却是截然不同的两种理念。它们包含着各自不同的理财计划，而我们日常具体选择哪一个，所得到的就会是相应的结果。

选择前者，虽然看似逍遥自在，却降低了抵抗未知风险的能力；而选择后者的人，一般都能攒下一笔数目可观的储蓄，为以后较好地实现自己的各种目标打下基础。

第二章
慧眼识"珠"，把握投资的关键

投资市场的"牛"与"熊"

罗纳斯特是华尔街北面剧场的一个马戏团老板，在这个繁华的地段上，他赚到了很多的钱。其他经营马戏团的老板看到了这个现象，纷纷搬到剧场之中，一下子，剧场的租金被抬高了好几倍。但为了能够获得更多的利润，他花费了一大笔租金租下原来的场地。但随着华尔街债券交易的兴起，人们对于马戏表演逐渐失去了兴趣，而这时，罗纳斯特为了吸引观众的兴趣，特意推出了"熊牛大战"的戏码，本以为势均力敌的对抗，身披红纱的熊却因太过温顺而轻易被牛给顶死了。后来为了能够赚钱，罗纳斯特也加入了炒股的行列，最后却血本无归，于是人们纷纷笑说："熊市真惨啊。"

丹尼尔·德鲁是纽约县城的一个小商贩，为了能够将自己瘦弱的牛卖出去，他想到了一个办法。在进城卖牛之前，他将牛群吃草的区域撒了几袋盐，并且不给牛群一点水喝。到了第二天，在进城之前，他开始喂牛喝水。因为摄入了过多盐分，牛群喝掉了相当多的水，每一头牛都像一个水桶一样，为此他赚到了一笔钱。而后他利用这些钱进军华尔街，并在股票交易之中"掺水"，同样获得了不少收益，"牛市"便由此而出。

想要进入股票投资市场，首先要学习的就是一些基础的股票投资的概念词，而在众多的概念词之中，"牛市"和"熊市"这两个概念无疑是每一个股票投资者最先接触到的概念。在百度百科之中，对于二者的解释很简单，牛市是预料股市行情看涨，前景乐观的专业术语；而熊市则是预料股市行情看跌，前景悲观的术语。这两个概念是人们预料股票市场行情可能会出现的两种不同的发展趋势。

那么为什么要用"牛"和"熊"来表示呢？相对于上面小故事中的"牛市"和"熊市"，选用"牛"和"熊"来作为表现股市涨跌，有着相当多的说法。

第一种说法认为在西方的古代文明之中，牛代表着力量、财富和希望，而熊代表抑制狂热、消化自身、见机重生。对于古代的猎人来说，公牛的身上几乎全部是宝贝，血肉可以食用，骨头可以支撑武器和鱼钩，牛皮则可以支撑衣服，所以公牛代表着财富。所以用"牛市"来表示股市上升之势，表达一种对于财富的期盼之情。

熊同样作为西方人崇拜的对象，很多人认为它具有非常强的治病功能，所以人们用"熊市"来表示股市的持续下跌。西方人认为熊是投资者的医生，可以教人们控制自己的欲望，使人们冷静下来，就像熊的冬眠一样，让人们耐心地等待着重生机会的到来。

第二种说法则认为牛在行走的时候总是抬着头，并且在进行攻击时总会向前冲，然后用角将对手高高地顶起来。而熊在行走时，则脑袋朝下，总是低着头，在进行攻击时，总是将对手拍倒在地进行攻击。

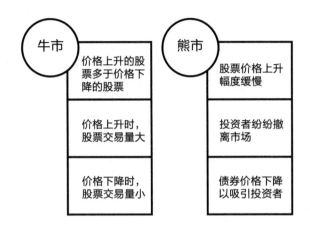

人们觉得两种动物的行为方式与股票的走势十分相似，所以将股市行情持续上涨称为"牛市"，将股市行情持续下跌称为"熊市"。

从前面的例子中可以看出，"牛市"一般用来形容较长一段时间的股票价格上涨的趋势；而"熊市"则正好相反，代表着较长一段时间的股票价格下跌的趋势。那么对于一般的股民来说，是不是"牛市"要比"熊市"好呢？

一般来说，在股票投资之中，选择一个合适的股票以及选择一个合适的入场时机是十分重要的。所以说"牛市"和"熊市"并不能完全决定投资者是否能够获利，选对时机和选对股票才重要。这里的时机主要就是指现在的股票市场处于怎样的阶段，是"牛市"还是"熊市"？是"牛市"早期还是"牛市"晚期？或者是"熊市"早期还是"熊市"晚期？一般来说，"牛市"的早期和"熊市"的晚期是股票投资的最佳入场时间。

那么影响"牛市"和"熊市"出现的因素又有哪些呢？基本上影响投资市场的因素包括经济、政治和技术三个方面。其中经济因素和政治因素属于基本因素，经济和政治形势的变化常常会影响到最终投资市场的形势，而技术因素则更多地表现为对于股票的人为操作。

在经济因素之中，企业的盈利状况、国民经济状况、利率的变动以及货币供应量变动会影响到投资市场的形势走向。前三个方面的影响一般来说比较好了解，主要是经济环境对于企业的发展起到了推动作用，最终使得企业经营状况呈现出良好的趋势，从而促进股票价格的上涨。而第四个方面，当货币供应量增加时，流入投资市场的资金也会增加，同时人们对于股票需求的增加就会带来股票价格的上涨；相反，如果货币供应量减少的话，股票市场就会出现价格下跌的情况。

在政治因素之中，战争的影响、国家政权的更迭以及重大政治事件的发生都将影响到投资市场的行情。在这之中，战争将导致传统的工业生产受到影响，最终使得股票市场的价格下跌。在战争过程中，军工企业的股票则很有可能会出现上涨的趋势。

技术因素对于股票市场的影响，一般来说较难预测，它主要是指与投机行为有关的交易量和交易方式的影响。当出现抢购和抛售风潮时，股票的价格将会出现上涨和下跌，从而形成"牛市"和"熊市"。经过大量空头交易和多头交易之后，股票投资者也会大量购进或出售股票，造成股票价格的上涨与下跌。而当投资市场的大户进行股票买卖时，也很容易引起中小投资者的跟风，从而最终影响到股票价格的涨落。

"牛市"和"熊市"作为投资者对于投资市场形势的一种预测，表现出了两种不同投资市场的表现，而具体到股票投资方面，"牛市"和"熊市"都可以作为股票投资的投资点。正如前面所说，股票投资者应该准确判断股票市场的趋势走向，判断好当前的股票市场是处于"牛市"或"熊市"的哪一个时期，从而对自己的投资行为做出正确的判断。

妙用价值投资法

　　"我的声誉——无论是一直以来的，还是最近被赋予的，似乎全都与'价值'这个概念有关。但是，事实上，我真正感兴趣的仅仅是其中用直观而且确凿的方式呈现的那一部分，从盈利能力开始，到资产负债为止。至于每个季度的销售额增长率变动，或者所谓的'主营业务收入'包含还是不包含某些具体副业，类似模棱两可的事情，我从来不放在心上。最重要的是，我面向过去，背对未来，从来不做预测。"

——本杰明·格雷厄姆

　　所有投资哲学的核心问题都是关于价格和价值的关系，格雷厄姆认为股票市场是不可预测的，不论是短期还是长期。人们根据企业在过往的表现和发展信息，能够预测出的只是企业在一段时期之中业务的表现而已。但对于掌握价值投资方法的投资者来说，根据这些信息来确定企业的价值，从而将其与股票价格联系起来，便能做出正确的投资决策。

　　价值投资主要是指在基本业务价值的基础上通过相当不错的折扣来买入股票的一种投资方法，这种方法无论是在经济繁荣时期还是在经济危机时期都很适用。一般而言，价值投资更像是一种心态，主要特征便是将股票的价格和其背后企业的价值联系在一起。

　　可以说在投资市场中，"价值"这个词已经被用滥，在每一项投资中，"价值"都是一个不可回避的问题。那么究竟什么是"价值"呢？一般来说，在进行投资时，我们会遇到下面几种不同类型的"价值"。

投资价值是每一个投资者根据自己的目标所愿意付出的价值，因为即使是在面对同一项资产，不同的投资人也有着不同的投资回报率的目标，所以他们在进行投资时所希望付出的价格也是不同的。对于这个问题，我们通过一个例子便能够很好地理解。

有三位投资人想要同时投资一家公司的股票，一开始他们都在观望股票市场的价格走势，最终有一家企业进入了三位投资人的视野之中。这家企业的股票市值是 50 美元，三位投资者有着不同的收益目标：第一个投资者希望能够保本，不愿意接受价格滑落 10% 的风险；第二位投资者则希望年获利率能够达到 20%，对于股票价格变动的风险也能够接受；而第三位投资者则希望能够至少有 4% 的股利收入。所以三位投资者在股票买入价格上都有着不同的选择。

当该公司的股票价格下降到 45 美元以下时，第一位投资者不会购买这家公司的股票，因为这超出了他的风险承受能力。而当这家公司的股票能在一年之内涨到 60 美元时，第二位投资者就会出手买进。当这家公司每年的股利能够超过 2 美元时，第三位投资者也会购买。后两位投资者在购买股票时的价格可能不一样，但在不同的投资者看来，这两个价格都是这家公司的价值。

正如"一千个读者眼中有一千个哈姆雷特"一样，在不同的投资者眼中，同一个公司的价值可能也是不同的。这一切都与投资者的预期投资回报率有关。大多数投资者都会按照自己预设的标准来买入股票，而这便是他们眼中股票的投资价值。

账面价值根据会计核算为基础来测算公司的净值，同时这一标准也能够反映出股东权益的每股价值。一般来说，一个公司的股票价格不可能会长期低于净值，其价格迟早会上涨到账面价值之上，也正是因为如此，许多价值投资者才敢于对许多"表现低迷"的企业股票进行投资。

清算价值则是用来测量公司在出售的所有资产，以及收回所有应收账款，付清所有账单和债务后还能收回多少金额的一个标准。但一般来说，即使今年这家公司冲劲十足，创造了较高的盈利，但很有可能在明年就会因为赚不到钱而陷入倒闭的困境之中。

内在价值则是用来对一家公司财务状况进行分析后所评估出的公司价值，是一家公司的实际价值。在推算内在价值时，需要涉及真实的公司资产、公司预期收益、鼓励价值和公司的销售增长率等状况。在价值投资中，一个股票的价格与其内在价值相差越多，其所能够获利的空间也就越大。这也正是我们前面章节中所提到的"安全边际"的问题。

在价值投资中，正确评估企业的价值十分重要，这也是正确进行价值投资的关键。当一个企业的内在价值被严重低估时，对于价值投资者来说，最好的投资时机也就到来了。但也正如前面的章节中提到的，对企业进行价值评估并不是一件简单的事情，其所要涉及的问题也是多种多样，所以对于一些投资者来说，这也是一大问题所在。

其实在价值投资中，运用一些价值投资的法则也能够很好地进行投资，而在这个过程中，投资者既不需要掌握复杂的经济模型，也不需要具备工商管理的高学历，只要拥有正确的心态和情绪就够了。

价值投资的法则是买进两三只长期获利高于平均市场水平的绩优股，然后耐心等待5年或10年，你会发现这只股票已经成长为一只获利惊人的股票。一般来说，价值投资的法则可以简化为以下原则。

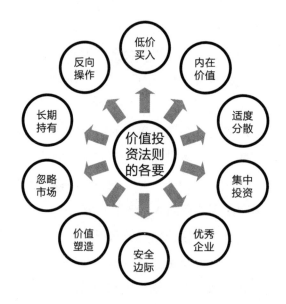

逢低价买进资产，这与低价购买实体商品是一样的。对于消费者来说，任何商品的价格出现了下降，都会让大家觉得商品正在变得"物超所值"，从而引起众人的抢购。在正常的股票市场之中，这种"逢低买入"策略应用得并不广泛，大多数投资者认为在股票价格上涨时要跟进，在股票价格下跌时要杀出。市场分析师也认为在价格上涨开始入局，能够使得投资者在股票上涨时获利。

但在价值投资法则中，逢低价买入却是第一个重要原则，这一原则要求投资者在进行任何投资时，都应该尽可能地低价买进，从而达到投资价值的最大化。正如前面所说，由于股票市场的价格始终处于不断的变动之中，低价买入股票将会使投资者获得更大的安全边际，不仅能够降低投资的风险，同时也能够获得较多的投资回报。当然，想要使这种投资法则生效，前提是这家公司真正存在内在价值被低估的现象，否则一家本就没有发展潜力的企业股票价格再低，也没有投资的必要性。

　　塑造价值概念是价值投资的第二个原则，投资想要获得成功，就必须先做好充足的准备工作。在想要购买一家公司的股票之前，必须首先了解这家公司的运营和财务情况，根据其生产环境、发展战略来评估其内在价值，从而进行正确的投资。这也正是前面所说的企业价值评估的内容，虽然没有办法获得精确的评估结果，但这确是最大化"安全边际"的一种做法，而安全边际也正是价值投资的第三个原则。

　　反向操作、坚持到底以及忽略市场也是价值投资法中的重要原则。反向操作要求投资者多多关注那些价值远被低估的企业，这也正是那些价值投资专家们获得成功的关键。坚持到底则要求投资者关注企业长远的发展，而不会因为一两次股价的涨跌而对自己的投资行为产生动摇。忽略市场则更多地要求投资者关注企业自身的情况，而不要被市场之中众多复杂的信息所困扰，从而影响最终的投资。

　　价值投资作为投资市场的一个"异类"，受到了众多投资专家的喜爱。对于一般的投资者而言，价值投资也并不是"高山流水"般的存在，只要掌握了一定的方法和原则，在进行投资时理性专注，正确评估企业的价值，就一定能够在价值投资中得到回报。

乘虚而入，优秀投资的危机是好时机

　　20世纪60年代，在美国运通银行发生丑闻之后，巴菲特出资购买了这家银行的股份。他在1973年投资了处于危机时刻的华盛顿邮报。到了20世纪90年代，他又出资买下了威尔斯法哥银行。

20世纪70年代，李嘉诚也在香港地区开始了自己的投资。当众多英资公司从香港大规模撤离之后，香港的股票市场迎来了大萧条时期，不少华资公司也开始逐渐撤离香港。市场大户的撤离让李嘉诚看到了危机之中的发展良机，与其他投资者不同，李嘉诚相继收购了香港电灯、青洲英坭、和记黄埔等英资企业。到了20世纪80年代末期，面对众多外资企业从中国大陆撤离，李嘉诚开始积极在大陆开发房地产，最终获得了丰厚的收益。

在大多数投资者眼中，市场经济的平稳运行或向上发展，是保证投资获得回报的关键。经济发展水平的上扬，会带动企业盈利水平的提高，同时也会提高企业的股票价格。而相反，如果经济运行不稳或出现危机，则会为企业运营带来诸多困难，同时影响到股票市场的稳定。那么是不是说，在经济繁荣的时候适合进行市场投资，而在经济危机之时，应该放弃投资呢？

对于一般投资者来说，经济繁荣之时进行投资是一种风险较小的行为，但却并不一定能够保证会最终获得较高的利润回报。对于那些著名的投资专家来说，在经济危机之时进行投资，虽然存在一定的风险，但很多时候却都可以获得意想不到的利润收入。

现今，巴菲特和李嘉诚已经成为投资界的神话。在仔细分析他们所进行的众多项投资之后，我们可以发现，他们的一个共同点就是选择在危机的时刻进行市场投资，从而通过最小的投入进行买进，最终获取高额的利润回报。

对于大多数投资者来说，经济危机时期选择保守的投资策略才是最佳的选择。在经济危机之中，金融市场往往会首先受到冲击，反映到股市上便会出现股价暴跌、财富缩水，从而进一步降低投资者的投资欲望。可以说，在金融危机中首先遭到打击的便是人们的投资信心。

随着人们的投资信心不足和可支配收入的不断下降，人们的消费需求也会开始慢慢减少，这样一来，经济危机就会从金融市场扩散到实体经济之中，从而使得实体企业出现融资困难、产品滞销、利润下降等情况。而后，经济危机的影响力将会进一步扩大，对国民经济造成更大的威胁和伤害。

经济危机无疑会给全球经济带来破坏性的影响，打击投资者的投资信心。然而在重重的危机中，还存在着许多值得去发掘的机遇。李嘉诚曾说："当大街上遍地都是鲜血的时候，就是你最好的投资时机。"而在巴菲特看来，当一些大企业暂时出现危机或股市下跌，出现有利可图的交易价格时，应该毫不犹豫地买进这些企业的股票。很多时候，优秀企业的危机就是投资者最好的投资时机。

在格雷厄姆看来，市场上大多充斥着抢短线进出的投资人，他们大多数为的只是眼前的利益。如果一个企业正处在经营的困境之中，那么在市场上这些进行短线投资的人就会放弃自己手中的股票，这样这家企业的股票就会下跌，而这时就是投资人入场进行长期投资的好时机。

对此，有人做过一个比喻，投资者购买了一家滑雪中心的股票，并且已经持有30年，如果仔细研究投资者在这30年间的收益，我们会发现，在这段时间，总体来说，投资者赚到了许多钱，但有些年份却并没有任何收入，因为那几年并没有下过几场雪。

在这里，我们可以把没有下过雪的年份看作是滑雪中心的"危机年"，在这些年份，滑雪中心的收入下降了很多。事实上，这个滑雪中心并不会因为这一年的收入下降，而使得其价值受到影响。当度过这段危机岁月之后，滑雪中心的经营很快就会步入正轨，而如果遇到雪下得比较多的年份，滑雪中心的收入还将会得到巨大的提升。

在上面的例子中，如果我们在滑雪中心的"危机年"买入其股票的话，等到危机过去后，就要比在平时购买滑雪中心股票的投资者赚得更多。可以说这便是在危机中寻找到的最佳投资时机，当然，前提是我们所选择投资的这家公司能够顺利渡过经济危机的难关。

如果我们已经了解到这家企业在经济危机之前运营良好，并且始终能够拥有众多的消费者支持，那么我们便能够确定，这家企业可以在经济危机的影响下生存下去。当渡过这个难关之后，这家公司将会获得更好的发展。可以说，经济危机可以淘汰掉那些经营体质较弱的企业，而让那些经营良好、实力强劲的企业最终生存下来。

对于投资者来说，经济危机所带来的股票市场的价格波动，正是那些进行长期投资的投资者最佳的投资时机。经济危机之中的市场下跌可以让投资者用更低的价格买入股票，从而获得更大的利润空间。

股票价格下跌将会为投资者带来许多明显的好处。首先是降低收购整个企业的价格；其次是通过更低的价格购进优质企业的股票；当优质企业回购自己的股票时，投资者将会因当时较低的回购价格而受益。

在投资市场中，机遇与挑战总是并存的。对于投资者而言，在众多的困难和挑战中找到合适的机遇，是确保自己获得高额投资回报的关键。

频繁交易造成巨额财富损失

赵刚是一名个体从业者，经营着自己的小店铺。因为前一段时间的投资热潮，赵刚也开始了自己的炒股之路。作为一个投资小白，赵刚却认为自己在经营店铺的过程中已经具备投资理财的能力，所以对于一些基础性的投资理财知识，赵刚并不关心。事实上，在赵刚炒股这一年多时间，他经常能够保持盈利，虽然数额较少，但至少本钱没有亏损。赵刚炒股的秘诀就是"见好就收"，看到盈利立刻卖出，多买多卖，一点一点获得利润。

但当赵刚得意洋洋地向朋友们炫耀自己的"战果"时，却没有想到反而遭到一群炒股朋友的嘲笑。朋友们认为赵刚的投资方法太幼稚，还说赵刚这是一种穷人的思维，这种炒股方式只能造成利润的损失。为此赵刚不明白，为什么自己明明赚了钱，还被朋友们说会出现利润损失呢？难道这种"见好就收"的投资方式不正确吗？为什么自己被说有一种"穷人思维"呢？

可能大多数投资新手看过赵刚的故事，也会问出和赵刚一样的问题。其实在赵刚的投资行为中，出现了一个最基础的错误，也可以说是进行投资的一大"忌讳"，那就是过于频繁地进行投资交易。

看到自己投资的股票价格涨了上去，害怕明天价格会再跌下来，所以抓紧出手赚一波；看到自己投资的股票价格开始下降，害怕明天价格会继续下跌，趁着损失较少抓紧卖出，换一只好的股票。那些喜欢进行短线投资，期望通过高频的交易来获得更多差价的投资者往往都具有一种"穷人的思维"。事实上，他们并不知道，交易频率正在无形地蚕食他们的利润，在投资市场之中，交易的频数越高，就越有可能出现亏损。

之所以说这种投资者具有"穷人思维"，主要是因为他们在投资过程中有一种类似于赌博的倾向。当看到自己的投资获得收益之后马上收手，然后将全部的钱继续投入其他的股票之中，赚钱了继续卖出，然后继续买入新的股票。长此以往，结果只能像赌博一样消耗完自己手中的"筹码"。

股票市场中有一个隐性的规律，那就是"交易次数越频繁，投资收益也就越少"。特伦斯·鲍勃曾就此进行过一系列的研究。他分析了 10 年之内的 8 万个家庭的股票交易记录，这些家庭平均的年收益率达到了 18.7%，当时的市场平均收益水平则是 18.1%；而扣除用尽之后，这些家庭净投资收益率为 16.6%，可以看到收益率要比市场的平均水平低 1.5%。

同时，鲍勃还对每个家庭每年不同投资组合周转率下的净收益率进行了比较。他发现，随着交易次数的增加，收益率将会不断地下降，交易最频繁的家庭，年净收益只有 10.0%；相反，交易次数最少的家庭平均的收益率将高达 19.5%。如果将复利计算加入其中，经过 5 年或者 10 年之后，这些细小的差别将会造成不同家庭巨大的财富收入差距。

从鲍勃的研究中可以发现，造成这些家庭收益差距大的原因除了交易成本外，最主要的就是交易频率。虽然不同的投资组合也会造成收益的不同，但相对来说，交易频率对于最终的收益有着重要的影响。

频繁交易最大的问题就在于它会带来巨额的交易成本和利润损失，如赵刚的例子一样，虽然表面上自己的每一次交易都能够获得利润，实际上每一次的交易都会带来一定的利润损失。很多人认为投资股票或者债券，就是要"见好就收"，不要想着能够"四两拨千斤"，这两句话并没有错，但却并不能够作为频繁交易的一个借口。

巴菲特曾在伯克希尔公司 1983 年的年报中详细讨论过这个问题，他认为："股票市场的讽刺之一是强调交易的活跃性。使用'交易性'

和'流动性'这种名词的经纪商对那些成交量很大的公司赞不绝口。但是投资者必须明白，对在赌桌旁负责兑付筹码的人来说是好事，对客户来说未必是好事。一个过度活跃的股票市场其实是企业的窃贼。"

过多频次的股票交易行为相当于投资者对于自己的盈利征收了重税。这种方式不仅会让投资者感到无比的痛苦，同时也会让公司陷入困境之中。过分活跃的股票市场无形中损害了理性的资产配置，从而使得市场的蛋糕收缩变小了。

如果将投资者进行短期投资所消耗的包括税收和佣金在内的费用合计起来，通过复利计算，在未来的 10 — 20 年时间中，投资者单纯依靠这些额外的消耗支出就能够获得一笔不小的收入。其实道理很简单，10 年之内进行 1 次投资交易与 10 年之内进行 100 次投资交易，投资者所需要付出的不仅仅是额外 99 次的佣金和税收支出而已。

对于投资者来说，想要在投资之中获得最大化的收益，就必须减少自己的交易次数。而投资者又不能单纯地为了减少交易次数，而始终在一支效益不佳的股票上徘徊，需要寻找到一只具有投资潜力的新股票。因此，交易的频次最终还是根据股票的表现来确定的，只不过作为投资者，应该抛弃患得患失的投资心态。频繁交易对于任何的投资行为都是有害的，而在交易的过程中，短期的市场波动还会为频繁交易带来更多的危害，投资者应该从长远的角度来对待自己的投资行为。

简单就是一切，不碰复杂的投资

小王走出大学校园已经三年多，但始终没有找到一份稳定的工作。虽然小王的工作收入不稳定，但他有一颗理财致富的心。

每个月小王都会节省下几百元。最初小王只是定期存一些钱，但看着缓慢增长的收益，小王逐渐失去了耐心。小王听说同事炒股赚到了大钱，而且如果运气好的话，即使投入很少的资金，最终也能在股票市场中获得巨大的收益。

小王完全陶醉在同事的描述中无法自拔，他一口气将银行卡中半年积攒的工资全部投入股票市场。对没有股票投资经验的小王来说，股票市场实在是太复杂了。刚一入场，小王的钱便全部被套牢了。面对这样的情形，小王无所适从，只得匆匆卖出自己的股票。最终在股票投资中，小王赔掉了自己的大部分积蓄。

投资市场变幻诡谲，对于投资者充满着无限的诱惑。在这里，有的人会失去理性，泥足深陷，有的人则活力满满，游刃有余，这是因为不同的人所看到的投资市场是完全不一样的。

在投资专家眼中的投资市场和在普通投资者眼中的投资市场有着明显的区别，而这种区别如果要选择一对合理的词语来解释的话，就是"简单"和"复杂"的区别。在投资专家眼中的股票投资是简单的，而在普通投资者眼中的投资市场却是复杂的，这也是投资专家能够从众多投资者中脱颖而出的原因。

普通的投资者认为投资市场很复杂，是因为自身对于投资市场的了解还不够深。而投资专家认为投资市场很简单，则是因为他对投资市场中多余的"树杈"都视而不见，永远只关注那唯一的一根"树干"。很多投资者都被投资市场变幻莫测的涨跌形势迷花了眼。而投资专家却将自己的时间和精力主要放在关注企业各方面的运营状况上，在他看来，如果进行投资之前，能够时刻看清投资企业的各方面情况，那么这项投资便成功了一半。

相比于理清错综复杂的投资市场形势，单纯地研究投资企业的发展运营情况要简单得多。也正是依靠这种简单的投资方式，巴菲特开始一步步构建起自己的投资帝国。他时刻告诫每一位投资者，过多地关注股票的走势是毫无意义的，只有通过自己合理的分析判断，才能够在投资中占据主动。

很多人认为巴菲特之所以能够成为享誉全球的"股神"，主要是因为他有着自己的一套复杂的投资逻辑。其实巴菲特很清楚，自己并不具备预测经济形势的能力，所以在进行投资时，也很少去预测未来的经济走向。他使用了一种最为简单，也是最为有效的方法，通过分析企业的经营状况来确定自己的投资行为，从而能够更加有针对性地做出投资选择。

如果一个投资者想要通过预测经济形势来确定投资行为的话，也是可以的，如果预测成功，那么投资者将能够提前做好投资准备，也会获得很高的投资收益，但没有投资者能够保证每一次都可以准确地预测出未来的经济发展趋势。相较于这种复杂的方法，去考察投资公司的基本情况和盈利能力就相对轻松得多了。投资一家具有实力的公司，是投资行为获得成功的一个关键所在。

决定是否投资一家公司，其实际的经营情况永远是决定性因素。在这里，巴菲特所关注的是一家公司的真正价值，而不是其在股票市场之中所显示的股票价格。股票的价格会受到市场行情的影响，出现上下波动，许多投资者往往看到了股票价格上涨便兴奋不已、追加投资，而看到了股票的价格下跌则忐忑不安、准备撤出。

很多投资者认为投资本就是一种复杂的行为，而想要完全弄清楚投资市场的方方面面，更是难上加难，所以只能够根据大多数人的选

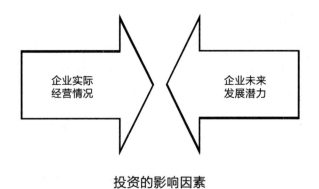

投资的影响因素

择来进行投资，根据市场的风向进行投资。在他们看来，这种方法要相对"简单"一些，殊不知这种投资往往是一种没有看清投资市场真面目的盲目投资行为。

正如前面所说，投资专家们在进行投资之前会首先考察公司的运营和盈利情况，但在这之前，进行投资还有一个重要的原则，那就是不碰复杂企业。

那么都有哪些企业算得上是"复杂企业"呢？其实这个标准根据每个投资者的不同，也会有所不同。那些面对困难而打算彻底改变经营方向的企业，就是典型的"复杂企业"。一个彻底改变企业自己经营方向的企业，可能会在未来的发展中遇到更多的困难。那些真正能够长时间地为客户提供稳定产品和服务的企业，才是值得信赖的企业。

归根结底，投资专家们所投资的企业都是在自己能力所及的范围之内的。也就是说，对于普通的投资者来说，想让自己的投资变得简单，就要投资简单的企业，而简单的企业也就是自己所熟悉的企业，或者说是自己所熟悉的领域。

一个投资者能否在投资上获得成功，与他对自己所做的投资的了解程度有着很大的关系。真正的投资者因为熟悉自己所投资的领域，在进行企业调查时，也能够更好地发现企业在生产经营中可能存在的问题，通过深入的考察来了解企业未来的发展走向，从而为自己是否投资提供充足的资料。这往往是区别投资者和投机者的一个重要因素。

到了具体的投资阶段时，投资专家总是会根据不同公司的发展潜力，来进行最为合理的投资组合，从而在整体上获得最为优化的效果。想要做到这一步，就需要投资者选择自己熟悉和擅长的领域进行深入挖掘，选择几只具有发展潜力的股票来进行投资，而不是盲目跟风，哪个行业热门去投资哪个行业。

无论是职业的投资者，还是一个刚刚接触投资的普通投资者，都需要在购买股票之前仔细地观察、细心地研究，耐心地寻找自己熟悉并且具有发展潜力的企业进行投资。简单就是一切，从简单开始，千万不要一上来就去碰复杂的投资。

第三章
独立思考，理性投资，避免赌徒心态

要投资而不要投机

　　20 世纪 60 年代的华尔街掀起了一阵炒股的热潮，电子类的股票受到了热烈的追捧，每一个人都希望能够通过它来实现一夜暴富的梦想。在投资者的不断吹捧之下，电子类股票的价格不断上涨，早先进入投资市场中的人看着自己的财富不断上涨，开始继续加大投入。许多新的投资者也抱着自己美好的梦想，冲进了这一片"藏宝地"。越来越多的资金汇聚到企业的手中，人们也开始沉浸在暴富的欢愉之中无法自拔。

　　直到 1969 年的 6 月，现实的重拳击碎了投资者们不堪一击的梦想。股票价格开始如经过山顶的过山车一样急转直下，那些已经失去理智的投资者们还没有来得及反应，就被股市的大潮淹没，一场突如其来的灾难让华尔街一片狼藉。许多投资者瞬间变得一无所有，更多的投资者开始流离失所；更为严重的是，有的投资者因为不堪打击而永远地离开了这个世界。华尔街往日的辉煌一下子被黑暗所掩埋。

投资市场往往是喜怒无常、变化多端的，它会用各种各样的手段来诱惑投资者。当人们看到投资市场有利可图时，都会义无反顾地投入到投资的队伍，每一个人都想要在这片"淘金圣地"上挖掘到属于自己的财富，殊不知很多投资者的噩梦也就是从这一时刻开始的。

事实上，在投资市场中，真正的投资者一般都能够获得一定的收益，而经常被"投资噩梦"所困扰的往往是那些投机者们。古往今来的投资大师们始终都在强调着"要投资不要投机"这句话，但在利益的诱惑之下，似乎没有人把这句话真正放在心里，于是一幕幕悲剧开始不断在投资市场中上演。

在华尔街的股市灾难中，并不是所有的投资者都遭遇到了毁灭性的打击，还有一部分投资者因为做好了充足的准备，顺利躲过了这一次灾难。在这些投资者中，巴菲特就是最具代表性的人。

在电子股受到热烈追捧时，巴菲特并没有如其他的投资者一样加入这场狂欢，反而因为这种现象感到十分的悲伤，因为原本在市场中极具潜力的股票都被这些新生的电子股给挤跑了。也正因如此，巴菲特停止了自己的投资计划，当所有投资者都在疯狂地进行着买空卖空的投资行为时，巴菲特离开了投资市场，他说："尽管我们不分昼夜地拼命维持着，但我的灵感源泉已经变得只有点点滴滴了。如果它们完全干涸了，你们会收到我诚实而迅速的通知。"

当然华尔街的投资市场并没有因为巴菲特的离开，而降低了它的热度，这种狂欢一直持续到灾难到来。面对着一片狼藉的投资市场，巴菲特感慨道："人们总是会像灰姑娘一样，明明知道午夜来临的时候，香车和侍者都会变成南瓜和老鼠，但他们不愿须臾错过盛大的舞会。他们在那里待得太久了。应该记住一些古老的教训：华尔街贩卖的东西是鱼龙混杂的。投机在看上去最容易做的时候，也就是最危险

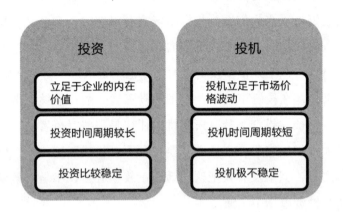

投资	投机
立足于企业的内在价值	投机立足于市场价格波动
投资时间周期较长	投机时间周期较短
投资比较稳定	投机极不稳定

的时候，此时你必须离开。"

在巴菲特看来，一个人进入投资市场，需要做的是投资，而不是投机。虽然在一定程度上，投机能够在短期之内获得很大的利益，但从长远来看，并不是一种正确的选择，当在投资市场中投机的人越来越多时，也就是投资市场将会出现灾难的时刻。

可能对于大部分投资者来说，投资与投机很不容易区分，但其实如果仔细了解会发现，投资和投机之间存在巨大的区别。在描述投资和投机时，格雷厄姆曾说："投资是一次成功的投机，而投机是一次不成功的投资。"实际上，投资是一种长远的、稳健的理财理念，其所追求的是确保本金的同时获得一个满意的回报；而投机则是一种盲目跟风，妄图获得更多的利润回报的一种行为。

正如前面所提到过的，巴菲特往往会选择能够保证持续稳定增长的公司进行投资，虽然这些公司的增长速度要比那些新兴公司慢一些，但同时也更加稳定一些。相比之下，那些外表光鲜、发展迅速的企业则很可能含有太多投机的成分，其未来的发展也有着更多的不确定性。

投机行为在最初阶段的确可以为投资者带来一定的回报，但过度投机不仅不会继续为投资者带来回报，还很有可能会将投资者之前的积累一并吞没。很多之前通过股票投机发家的投资者，在后来的一段时间中都遭遇到了失败。那些通过投机快速致富的人，也随着投机程度的不断加深，到最后输了个精光。所以想要进入投资市场中，首先要了解的一点就是：要投资不要投机。

　　想要真正做到这一点，就需要首先树立正确的投资观念。投资者进行投资，想要获得利益自然是十分正确的，但每一个投资者都应该有一个合理的投资规划，不能盲目地跟随投资市场中的"风向"，从而做出错误的选择。

　　随着经济的不断发展，投资市场的形势也在不断地发生变化，投资的理念不断地涌现出来。对于刚刚进入投资市场的投资者来说，选择一个正确的投资理念，同时不断发展和革新自己的投资理念，是保证投资成功的关键。

　　另一方面，对投资收益有一个正确的估计也是十分重要的。正如前面所提到的那样，通过投资来确保本金的同时，获得满意的利益回报十分正确。但如果想要依靠投资达到一夜暴富等并不现实的幻想的话，这种收益目标可能就需要改变一下了。

　　盲目提高自己对于投资收益的目标，就会逐渐偏离投资的轨道，开始走上投机的道路，而投机则很可能会为投资者带来意想不到的亏损。

坚持独立思考的投资者

　　在美国运通公司发生色拉油丑闻之后，华尔街立刻开始了对这家企业的"讨伐"，投资者也开始不断地抛售美国运通公司的股票。但与此同时，通过仔细的分析发现，虽然这次丑闻事件对运通公司造成了极为负面的影响，但从长远看，运通公司并不会因为这一次突发事件而丧失掉市场优势。为此，巴菲特开始大量买入运通公司的股票，最终凭借这次买入，巴菲特获得了丰厚的收益。

作为投资界的神话，巴菲特一直是众多投资者学习的榜样，每一个人都希望能够学到巴菲特身上的"独门绝技"，但实际上，没有人知道巴菲特身上的"独门绝技"是什么。没有人知道巴菲特是依靠什么能力在投资市场中取得如此巨大的成功的。

虽然没有人能够弄懂巴菲特的"独门绝技"是什么，但巴菲特的身上确实有着许多值得投资者学习的地方，很多时候，投资者过多地关注巴菲特在投资方面的才能而忽略了一些人类最基本的能力。

巴菲特的好友拜伦·韦恩说过："巴菲特具有极强的思考能力，这种思考能力让他总是喜欢去挑战那些既有的观念，这已经成了一种习惯，正是这种习惯使得巴菲特日后能在金融市场上出人头地。"巴菲特对于投资有着独到的见解，在很大程度上是来源于他的这种独立思考能力。很多时候，他会对人们都习以为常的事情进行分析，从而得出与他人不同的看法，虽然这看上去有些故意"钻牛角尖"，但很多时候，正是这种独立思考的习惯帮助巴菲特在投资市场中做出了正确的决断。

在投资市场上，没有独立思考能力的人，很多时候就会失去决策的主动权，一味地跟在别人的后面进行投资，这就相当于将自己的命运交给了别人，这种投资行为和将自己的钱借给别人投资有什么区别呢？一旦别人在投资上面出现了错误，自己也会跟着承受损失，可以说，这样的投资者在投资市场上很难会有大的作为。

即使在日常生活中，独立思考的能力也是十分重要的，可以说，这一能力是我们做好任何事情的关键。在遇到一件事情时，首先通过大脑进行独立思考，而后再去身体力行地实践，这是保障事情成功的重要方法。在投资市场中，这种方法同样适用。在变幻莫测的投资市场中，充斥着各式各样的流言和消息，投资者会听到各种不同情形的对于未来市场走向的预测，看上去这个人的预测准确性更高一些，但看上去另一个人的预测也十分合理，面对不断上下波动的股票价格究竟该如何选择？想要解决这些问题，投资者都需要运用自己独立思考的能力。

面对纷繁复杂的投资市场，投资者要保持冷静的思考，对各种外界的信息进行独立的分析，而不是盲目地跟着别人的脚步走。只有通过独立思考来挖掘出投资市场中的有用信息，才能最终占据主动，将命运掌握在自己的手中。

《大学》中有"知止而后有定，定而后能静，静而后能安，安而后能虑，虑而后能得"的抒发。它告诉我们只有在了解的基础上，保持内心的平静，通过大脑仔细的思考分析，才能够有所收获。作为投资者，只有坚持独立的思考，才能够合理规避股票市场中的风险，从而更好地获得投资的回报。

巴菲特在进行投资之前，首先要做的就是全面分析股票市场的信息，然后冷静思考其中的有利因素。他很少会去听从投资家和分析师们所做出的各种分析，也不会去过分关注股票价格的上下波动。在巴菲特的头脑中，始终对自己的投资有着明确的规划和分析。对于那些即使不被他人看好的股票，通过自己的分析，巴菲特也能够在其中找出值得投资的地方，然后果断进行投资。

很多投资者认为在进入投资市场之后，要接触的东西很多，要学习的东西也很多，所以要考虑的事情也自然很多。进入投资市场要学习很多东西没有错，但说要考虑很多事情，有时候就显得"自找麻烦"了。很多投资者认为想要获得高收益，既要考虑公司的效益，又要考虑投资的环境，同时还需要时刻关注市场的消息和行情，这让他们没有办法真正地静下心去独立思考，似乎市场中的消息要远比自己独立思考之后所获得的信息准确得多。

事实上，投资者想要在投资市场中拥有独立思考的能力，首先确如上面所说，要努力学习投资方面的知识和技能。但更重要的是，要学会善于在复杂的投资市场中找到决定投资成败的核心因素。在"抽丝剥茧"之后，让投资市场变得简单。正如巴菲特一样，只要关注自己需要投资的企业的实际情况就足够了，然后在独立思考之后，果断地做出自己的决策，可以参考他人的意见，但却不盲目地听从他人的指挥。

面对投资市场中纷繁复杂的信息，保持自身的独立性，克服外界对自己的影响，从而真正从事实的角度独立思考问题，做出决断，这是投资者在投资市场中保持成功的关键。

投资的本质是"博傻"

张胜是一名混迹股市多年的小散户，他从不纠结于寻找哪家优质企业值得投资，因为他所追求的并不是企业发展壮大之后股票的价值升值，而是以一个更高的价格卖出自己的股票。张胜购买了一家公司的股票，价格是每股 10 元，当价格上涨到 15 元时，他果断地全部抛出。赚了一笔钱之后，他有些得意洋洋地说道："嘿嘿，不知道是哪个傻子钱多了，买这种高价股票。"

赵赢同样也在股市混迹多年，与张胜一样，他也是依靠高价卖出股票来获得利润。一次，当他正在准备购买合适的股票时，他发现在他关注的股票中，有一只已经从 10 元上涨到 15 元，而且这种上涨趋势仍然在持续之中，他迅速入手了一笔这只股票，然后慢慢地看着它的价格继续飙升。看着上涨的价格，他有些得意洋洋地说道："哈哈，不知道是哪个傻子，竟然在这种价格上涨的时候卖掉手中的股票。"

大多数人认为那些能够在投资市场中纵横捭阖的人，都有着不同寻常的一面，他们要么天赋过人，要么艺高胆大。总之，能在投资市场之中生存下去的都是精明的人。一般而言，这么认为的人一部分是对投资市场不了解的局外人，另一部分则是对自己不了解的局内人。其实在投资市场中的大部分人都是"傻子"，真正精明的人并没有几个，局外人很难看清投资市场的本质，即使局内人也对自己在股票市场中的定位并不清楚。

前面提到的这则幽默故事虽然在现实生活中并不常见，但其中所反映出的现象却是现实投资市场中始终存在的。投资者将钱投入投资市场中，最主要的目的就是赚钱，而最主要的形式也正如上面的故事中所描述的，通过低价购买低估值的资产，然后等待价值回归、价格上涨之后再抛售出去。这种描述虽然看上去简单，但还需要更深入地了解一下。

在标题中，我们提到了投资的本质就是"博傻"，想要了解这一点，我们先了解一下投资者的分类。一般来说，投资市场中的投资者可以分成两大类，一类是现金流投资者，而另一类是价差投资者。

在这里，我们首先介绍现金流投资者，可能单纯说现金流投资者，理解的人并不多，但如果说就是那些像巴菲特、李嘉诚那样的投资者，可能现金流投资者这个概念就好理解了。现金流投资者更多将自己的钱投资在了未来上，他们并不要求短期便实现获利，而是追求长远的、更高的利益。

如果 100 个鸡蛋和 1 只母鸡的价值是一样的，那么毫无疑问，现金流投资者会将钱用在购买母鸡上，这样在一段时间之后，投资者不仅能够获得 100 个鸡蛋，同时还能拥有这只母鸡。随着投资者获得的鸡蛋越来越多，其他的投资者可能就会打这只鸡的主意，他们要花 1000 个鸡蛋的价格购买这只鸡。而当你获得足够多的鸡蛋之后，又能够通过 10 倍的价格卖掉这只鸡，那何乐而不为呢？在现金流投资者看来，花费高额价格买鸡的人可能是个"傻子"，而同时那个花费高额价格买鸡的人也会认为卖鸡的投资者是个"傻子"。

所谓价差投资者，就是依靠价差来获取利润的投资者，这种价差就是卖出价与买入价之间的差额。这一类投资者所追求的就是将自己花 10 元买来的东西用 20 元卖出去，赚取中间的价差。那么这种价差如何才会出现呢？一种情况是这个东西的内在价值提升了，而另一种情况则是有人想要花更高的价钱来买下你的这个东西，究竟是为什么他要花高价来买下你的东西呢？一种简单的想法认为这个人可能有点傻。

很多人可能认为，想要依靠一个"傻子"花高价买下你的东西，是不可能的事情。但事实上，对于价差投资者来说，这种方法确实最常见，也最实用。大多数价差投资者并不会等待商品自己的价值提升之后再卖出，更多的都是在等待"傻子"的出现。这里可能有人要问，为什么会有人花高价收购低价的东西呢？如果说这个人是"傻子"难以让人理解的话，那么如果这个"傻子"能够用更高的价格将东西卖出去的话，那他为什么不能用高价去购买这个东西呢？在他的眼中，如此"低价"卖出东西的人才是"傻子"呢。

看到这里，可能大多数人已经傻眼了，到底谁才是"傻子"呢？这时我们需要再次回到标题上，投资的本质就是"博傻"。在投资市场中，无论是现金流投资者，还是价差投资者，他们所要获得的都是比自己的买入价格更高的卖出价格，我们每天都会看到投资市场中出现非常频繁的交易，而这整个过程便是一个"博傻"的过程。你低价买入、高价卖出，我高价买入、更高价卖出，你说究竟是你傻还是我傻？

费瑟说过："股票市场最惹人发笑的事情就是每一个同时买和同时卖的人都会认为自己比对方聪明！"在投资市场中，"博傻"理论主要指出，疯狂的人们大多会存在一个买涨的心理，这些投资人完全不管某个商品的真实价值而愿意花高价购买，这是因为他们相信在未来会有一个傻子花费更高的价格从他们那里将这个商品买走。

投资也可以被看作一场"博傻游戏"，在这个市场中，"傻"不可怕，因为或多或少，这里的每个人都有些"傻"，可怕的是自己真正成了最后一个傻子。

很多投资者看到投资市场一派火热的景象，不明所以地就加入到这样一场"博傻游戏"中，这时的他们却不知道现在的投资市场随时处在崩溃的边缘，虚高的股价正是诱惑这些投资者入场的饵料。当他们带着大笔现金入场之后，那些手握大盘的人便纷纷趁机脱身，留下这些最后的"傻子"在投资市场中苦苦挣扎。

很多时候，在投资市场中比较的并不是哪个投资人赚得多，而是要比较哪个投资人能够活得更长久。

理性战胜投资市场的非理性

20 世纪 70 年代，华尔街爆发了严重的经济危机，股票市场受到了严重的打击，股票价格一下子跌入谷底。曾经辉煌闪耀的《华盛顿邮报》也失去了往日的光彩。随着华尔街股票价格的下降，越来越多的投资者开始纷纷远离《华盛顿邮报》，曾经那个被投资者追捧的《华盛顿邮报》已经不复存在。

虽然大多数投资者都纷纷放弃了《华盛顿邮报》，但巴菲特依然对这个公司有着浓厚的兴趣。他表现得十分冷静。在他看来，《华盛顿邮报》的价值是远远被低估了。于是，巴菲特将伯克希尔公司的大部分债券卖掉，换来了许多资金准备用于购买《华盛顿邮报》的股份。最终在 1973 年，他连续出资 4000 多万美元，买下了 10% 的《华盛顿邮报》的股份。

我们知道现在的《华盛顿邮报》已经找回了往日的辉煌，在走出经济危机的困扰之后，历经十多年的调整，《华盛顿邮报》的股价也回到了原有的水平。在这笔投资中，巴菲特可以说是成了最大的获利者。

为什么在经济危机的恐怖威胁之下，巴菲特仍然敢投资处于困顿之中的《华盛顿邮报》？为什么巴菲特没有像其他投资人那样开始撤离投资市场？究其原因，只有一个巴菲特在投资市场中能够始终保持理性。他曾说："我的投资经验中最重要的是理性。智商和天赋就像是发动机的马力，而理性则是使发动机产生高效率的决定性因素。"

在巴菲特看来，在投资市场中，理性所能起到的作用，丝毫不比智商和天赋的作用小。在他的每一项投资中，理性思维始终起着重要作用。没有人能够控制投资市场的风云变幻，但是投资者却可以控制自己的思想和情感的改变。面对投资市场的波澜起伏，能够始终保持理性的投资者才能最终确保自己投资的成功。

但在现在的投资市场中，并不是每个人都能够做到用理性思维去支配自己的投资行为，很多时候，投资者在进行投资时，往往都是非理性的。不止投资者，投资市场本身就具有非理性的特点。

市场的非理性和投资者的非理性行为之间有着密切的联系。一般来说，投资者的非理性行为表现为很多种，较为常见的有羊群效应、过度自信以及处置效应等，这些非理性行为的表现大多受到了投资者心理需求的影响。

羊群效应主要是比喻人的一种从众心理。这种羊群效应是资本市场之中的一种比较特殊的非理性行为，很多时候，投资者在并不完全清楚市场和信息的情况下便开始进行投资，更多的是他们跟随其他投资者，模仿其他人的投资决策，而不去思考自己的投资策略。

这种羊群效应的存在让投资者的投资理性不断降低，甚至有时对

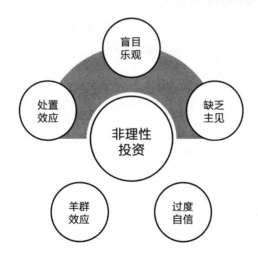

于同样的事物也会做出同时买进或卖出的决策，从而直接使得投资市场变得越来越缺少规则、越来越没有规范，最终影响到市场的稳定性。

过度自信则是说投资者的身上有着独断性的特质，也可以说是一种缺少自觉性品质的一种非理性行为。过度自信的投资者对于投资市场的信息十分关注，经常会出现进行大量盲目交易的非理性行为。虽然十分关注市场中的信息，但过度自信的投资者，对信息的敏感性也是比较差的。当投资市场中的信息发生变化时，过度自信的投资者往往意识不到自己的反应。

处置效应则表现为投资者对于当前盈利的股票愿意去卖出，但对于亏损的股票则并不会轻易出售。投资者认为亏损的股票总是存在着上涨的可能，所以会选择继续持有亏损的股票。从这种表现中可以看出，处置效应将会直接影响到投资者对于未来投资风险和投资收益的客观判断，很容易出现获利少亏损多的现象。

很多时候，一些其他因素的出现也会在一定程度上加剧投资者非理性行为的发生，同时引发投资市场的非理性发展。当经济增长速度加快时，投资市场的估值将会明显增高，加上一些媒体和舆论的诱导，便很可能引发大面积的投机行为。大量的投资者涌入投资市场中，不仅会扩大投资者非理性行为的影响，同时也将使投资市场变得越来越非理性。当杠杆交易在不成熟的投资市场中被广泛应用之后，如果缺乏强有力的监管，大量的杠杆交易也将会进一步增强投资市场的不稳定性。

想要在投资市场中生存下去，就要用自己的理性去战胜非理性，在这一方面，投资者可以通过一些方法来改变自己在认知方面的偏差。

首先，投资者要养成一种良好的投资习惯。一方面，投资者需要注意对于自己投资知识和投资经验的积累，在投资市场中时刻保持清醒的头脑。如果投资者为了获利而失去理性思维，那么整个投资就会变成一场"博傻游戏"。当游戏结束时，如果投资者接最后一棒的话，那么他也就成了真正的傻瓜。

另一方面，投资者在投资市场之中要相信自己，但一定不能过度自信。投资者应该提升自己的综合素质，使得自己的信心和判断力保持一致，从而避免因为过度自信导致的判断出现问题。

在面对处置效应时，投资者要坚定价值投资的理念，树立起健康、理性的投资理念，同时将系统的投资理论应用到投资交易中，完善自身在价值投资方面的不足。

聪明可以让投资者在投资市场中获得盈利，而理性则能够让投资者在投资市场中长久生存下去。相比之下，在学会聪明之前，投资者首先应该理性地面对投资市场中的不理性行为。

"小道消息"不可信

齐先生因为父亲的原因，在政府部门找到了一份工作，轻松稳定不说，工资收入还不低。每个月除了正常的家庭支出外，齐先生都会剩下一部分钱。以前，齐先生会将钱交给自己的妻子存到银行，但自从接触投资之后，齐先生便开始用这些富余的钱进行投资。虽然对于投资方面的知识了解不多，但齐先生认识几个投资多年的老朋友，经常会在他们那边听到一些"小道消息"，凭借这些"小道消息"，齐先生还真的赚到了一些钱。

一天，齐先生看到老朋友们在微信群中聊投资黄金，大家都说现在的股票市场不景气，倒是黄金市场比较坚挺，好多人炒黄金都赚了钱。看着朋友们讨论，齐先生开始有些心动。在与朋友们的交谈中，一个朋友说最近几天黄金市场将会有一波买入的机会。齐先生心想前几次朋友的"小道消息"都十分准确，这一次估计也没问题，而且相对来说，黄金投资的风险性也要比股票市场小一些，便将自己的 5 万元积蓄全部投入黄金之中。

但令齐先生没有想到的是，因为没有设置止损，原本以为在低价位买进的黄金价格竟然仍然在下跌，齐先生的账户已经爆仓。因为这一次不准确的"小道消息"，齐先生将前几次赚到的钱全部赔了出去，并且还赔进去一部分本金。

齐先生的遭遇对于大多数投资者来说可能并不陌生，像齐先生这样的投资者因为对投资知识了解得不多，投资的经验比较少，所以很可能会将从其他地方听来的"小道消息"作为自己投资的依据和标准。但他们却不知道，这种投资方法是非常有害的，不仅不能够获得收益，更可能造成本金的损失，同时也不利于锻炼个人的投资能力。

在前面的故事中，齐先生知道黄金的收益较高，而且相对稳定，所以一听到朋友谈及最近黄金价格即将上涨的消息后，便迫不及待购入了黄金。这主要是由齐先生缺少对投资的深入理解所导致的。

"小道消息"一般是指道听途说或从非正式的途径获得的消息。在股票市场中，投资者通过利用信息的不对称，在利好消息公布之前，从非正规的渠道来获得"小道消息"，然后提前购买股票，获得收益；相反，在利空消息发布之后，提前将手中的股票卖掉，来尽可能减少自己的损失。正因为"小道消息"的这种特性，才让众多投资者对其盲目追随。

在投资者进行市场投资过程中，无论选择哪种投资方式都可以，但一定不能听信"小道消息"而盲目跟风。很多对于投资了解不深的投资者，往往乐于去相信那些来自"投资专家"的"小道消息"。大多数投资者对于"小道消息"往往会抱着"宁可信其有，不可信其无"的心理，正是这种盲目跟风的心态才最终导致了自己投资的失败。

还有一些发生在投资多年的投资者身上的案例，虽然他们已经具备较多的投资知识，但很多人仍然会将"小道消息"作为自己投资的一个指南。即使是自己所不了解的领域，也会根据"小道消息"的引导去投资，最后的结果就只能让自己投资的资金付诸东流。

依靠消息进行投资是一种非常可怕，也非常常见的投资方式，但对于那些曾在股市上升期依靠"小道消息"而获利的人来说，不去听信"小道消息"，就会让自己与财富失之交臂。事实上，这些人并不知道，真正让他们获得盈利的并不是"小道消息"，而是当时蓬勃发展的投资形势。

"小道消息"的来源往往是不可靠的，虽然大多数"小道消息"都被称是来自内部人士之口，谁也没有见到过这个内部人士，但为什么还会有前面所说的许多投资者"宁可信其有，不愿信其无"呢？除了前面所说的一些"小道消息"的确为投资者带来过收益外，还有一个更重要的原因，我们可以用一个例子来解释。

某一天，股票市场开始传出要大跌的消息，而且这时恰好有大户在抛售股票，这让众多小投资者不得不开始行动起来，越来越多的小投资者相信这个消息后开始抛售股票，股票的价格因此受到了一定的影响。这时官方开始辟谣说这个大跌的消息不属实，但事实上，大多数股民的确看到了股票价格在下降，所以官方的辟谣反倒让"小道消息"成了事实。随着这种情况的不断出现，渐渐地，"小道消息"开始成为一种比官方消息更容易让投资者信赖的投资依据，众多投资者也开始养成打听、传播"小道消息"的习惯。

更为可怕的事情是，当最终市场趋于稳定之后，大多数听信"小道消息"的投资者才发现自己成了最后接棒的那个人。但他们却并不认为是"小道消息"有问题，而是自己没有及早地按照"小道消息"的指示去进行投资，所以可能最后的结果是，这些被"小道消息"坑害的投资者反而会更加相信后面的"小道消息"。

在当今中国的股票市场中，投机氛围仍然十分浓厚，在这样的环境中，"小道消息"可以说获得了一个绝佳的生长空间。刚刚进入投资市场的投资者则成为"小道消息"的忠实传播者，更进一步促进了"小道消息"的发展壮大。

想要真正取得投资的成功，"小道消息"是靠不住的，投资者只有真正养成独立思考的习惯，努力学习投资知识，才能在投资市场中获得成功，虽然可能需要一段较长的时间，但这是投资者必须要经历的阶段。

巴菲特说过："就算有足够的内幕消息和100万美元，你也可能在一年内破产。"在他看来，投资者如果始终根据"小道消息"来进行布局，是没有办法保障自己长久获益的。他认为一个投资者只要能够评估自己能力范围内的几家公司就够了。每个投资者能力范围的大小并不重要，重要的是要清楚自己的能力，并且愿意不断去完善自己的能力，只有这样才能真正在投资市场中生存下去。

银行"储蓄"变"保险"

对于一些没有接触过投资知识的人来说，最常使用的投资工具就是银行储蓄，这也是大多数家庭财富积累的重要方式。一般来说，银行储蓄的风险非常低，而且收益十分稳定，这正是大多数资金并不充裕、投资理念较为保守的投资者的主要选择。但就是这样一个极为安全的投资方式，也会偷偷地侵蚀掉投资者的资产。

张女士和丈夫同是一家加工厂的工人，因为对理财知识了解不多，所以家中的积蓄往往是存在银行中来获取利息。一次，张女士的几张银行存单到期，因为未来一段时间并不需要太大的家庭支出，所以张女士打算将家中的钱和到期的存款一共10万元一起存进银行5年，这样还能获得一个较高的利息。

但过了3年，因为家中突发事故，张女士急需将钱取出，但到了银行之后却被告知现在想要取出现金，就只能获得10万元。原来张女士购买的是保险产品。对此张女士十分不解，为什么在银行会购买到保险产品呢？而且在购买之前，银行的工作人员并没有和自己说明这一情况，张女士感到自己被银行欺骗了，但因为有一份白纸黑字的合同，她也只能自认倒霉。

其实这种情况在银行并不少见，一般来说多发生在一些长期将银行存款作为理财方式的中老年群体之中。存款人以为在银行所进行的交易就是储蓄，而在工作人员天花乱坠的介绍下，存款人并不能很好地弄清自己的投资行为。所以在很多情况下，原本想要进行储蓄的人在不太明白的前提下便购买了保险产品。

1. "以房养老"的投资骗局

与前面的陷阱一样，"以房养老"的骗局同样将目标确定为中老年群体。因为文化水平有限，中老年人普遍对于投资理财缺少相应的了解，而中老年群体又大多是房屋产权的所有人，所以在"以房养老"的幌子之下，许多中老年人被卷入其中。

李奶奶因为老伴过世得早，一直跟着女儿、女婿一起住。为了能够让母亲适应大城市的生活，女儿为母亲买了一部智能手机，同时教会母亲使用微信。这之后，李奶奶通过微信认识了很多朋友，也加入了很多聊天群。

在朋友的推荐下，李奶奶加入了一个"以房养老"的聊天群，在聊天群中专业人士的介绍下，李奶奶发现只要将自己的房产证明放在专业的机构抵押几个月，就能够获得一笔不小的回报。李奶奶和几个朋友一起来到了一家公司，在专业人士的指引下签订了合同，但仅仅过了一周，李奶奶原来的房子便被别人收走了。最后，李奶奶失去了对自己房子的所有权。

李奶奶很明显是陷入了一个"以房养老"的投资骗局，不仅没有获得回报，还失去了自己的房子。一般来说，这种情况下即使通过法律途径也很难找回房子，很多人正是利用这种方式来进行诈骗。但因为签订了正式的合同，所以这种行为没有办法去惩治，只有个人提高自身的防范意识才行。

2. 高收益的 P2P 是个大坑

P2P 由于有较高的投资回报，受到了不少投资者的欢迎，但在很多情况下，这种高收益的背后往往存在同样高的风险。一般来说，网贷 P2P 的收益从 7% 到 30% 不等，但凡遇到超过 18% 年收益的投资平台，投资者就需要小心谨慎进行选择。很多时候，一些新的平台为了能够吸引人气，才会给出如此高的收益率，而因为各个平台的实力等因素不同，很多 P2P 平台都存在投资隐患。

P2P 平台的投资收益也和平台的融资成本有着很大的关系，如果这一平台想要给投资者 30% 或更高的投资收益，它就需要花费 40% 或是更高的融资成本。试想一下，哪个企业会选择这么高的成本去进行融资？进行 P2P 投资的投资者一定要保持清醒的头脑。

3. 房产投资的合理性陷阱

谈到买房，很多投资者都将城市中心以及学区房或基础设施配套齐全的房屋确定为首选房源，这种方式十分正确，但也正是因为越来越多的人都冲进了这些区域，所以这些地区的房屋价格上涨到了众多投资者都难以触摸到的价格。于是越来越多的投资者开始寻找新的适合投资的房产，这时，海景房进入了投资者的视野。

"优美的环境，远离世俗的喧嚣，时刻可以'面朝大海，春暖花开'，海景房实在是休闲养老升值的第一手房产选择。"面对这样的宣传口号，越来越多的投资者开始接触海景房，无论是从销售者的描述，还是从自己的想象来看，海景房都是一个不错的选择。但实际上，从房地产市场的发展以及价格趋势的上涨因素来看，购买海景房进行投资实在是一个最不合理的"大坑"。

房地产价格的上涨多是因为人们对于基础设施以及教育等其他资源的需求不断增加，大多数人买房是为了自己的工作以及孩子的教育能够更加便利、更加高效。那么购买海景房是为了什么？难道刚需的购房者会出高价购买海景房么？远离人烟之后，要怎么解决对于教育和医疗资源的需求呢？其实仔细考虑房地产市场的发展形势就可以发现，类似海景房的房产投资并不靠谱。

　　除了这几个投资理财的陷阱之外，还有其他类型和形式的陷阱。事实上，正如前面所说，这些陷阱的内容大同小异，虽然在表现形式上有所不同，但只要投资者能够提高自我的投资安全意识，就能够轻松避开这些投资的陷阱。在投资市场中，天上掉下来的馅饼要远比地下冒出来的陷阱少得多。在进行投资之前要仔细思考，认真分析，再理性进行投资，避免掉入投资的陷阱中。

第四篇

像股神一样去理财

第一章
弄懂这些，你才能实战

看懂这个指标，才能去买债券

在众多的投资理财方式之中，债券投资可以说是一种能够满足大多数投资者的一种投资方式。对于相对保守的投资者来说，他们可以选择低风险的国债进行投资；而对于那些喜欢冒险的投资者来说，他们可以选择高风险，同时收益也比较高的公司债券进行投资。无论是购买哪一种债券产品，都需要首先去看懂一个指标。

债券是一种有价证券，主要是社会的经济主体为了筹措资金而向债券购买者出具，并且承诺按照一定利率定期支付利息、偿还本金的一种债权债务凭证。在纷繁复杂的债券市场中，虽然产品多种多样，但从性质上来看，我们可以将债券分为两种，一种主要依托债权关系，定期收取利息；而另一种则主要依托股权关系，通过资产升值来获得利润。

投资者购买债券的主要目的便是获取利润。相对来说，公司债券的收益要远高于国家债券，当然风险也是相对较高的。在购买公司债券之前，投资者需要考虑的一个重要的问题就是，发行债券的公司到最后是否能够将投资者的钱换回来。当一家公司能够持续创造利润时，投资者的资金便是有保障的，而如果这家公司没有办法继续创造利润的话，那么投资者的债券就很有可能会出现无法收回本金的情况。

这时，我们需要首先去了解债券投资中的一个关键指标。根据这个指标，投资者不仅能够了解到发行债券的企业是否具有还钱的能力，同时还能够了解到自己投资的债券在未来是否真的有升值的潜力与空间。

这个至关重要的指标就是利息保障倍数。它是指企业生产经营所获得的息税前利润与利息费用的比率，是一个用来衡量企业支付负债利息能力的一个重要指标。当企业生产经营所获得的息税前利润与利息费用的比例倍数越大时，这个企业所能够支付利息费用的能力也就越强，这时债券投资者的投资也就越安全。

息税前利润是指既不扣除利息也不扣除所得税的利润，其包括企业的净利润、企业支付的利息费用，以及企业支付的所得税等几个方面的内容。投资者想要了解这一方面的数据，需要在企业的财务报表中找到相应的数据信息。想要了解企业的利息费用，则需要在企业的年报中查询。通过这两项数据的比值，投资者便可以轻松计算出这个企业的利息保障倍数。

一般来说，企业的利息保障倍数应该大于1，如果利息保障倍数过小，说明这个企业偿还债务的安全性和稳定性存在很大的风险。为了能够准确地了解到企业偿还利息能力的稳定性，通常需要计算5年或者5年以上的利息保障倍数。所以为了能够更好地降低风险，投资者应该选择过去5年中最低的利息保障倍数的数值来作为基本的利息偿还能力指标。

巴菲特在进行债券投资时，对于那些利息保障倍数很高的企业尤为欣赏。在他看来，投资这种低负债或是无负债的公司不仅十分安全，还能够为自己带来丰厚的收益。巴菲特在阐述自己的投资策略时曾说："我们的股票投资策略与以往我们在 1977 年的年报中谈到的没有什么变化。我们挑选可流通证券与评估一家要完全收购的公司的标准几乎完全相同。"而巴菲特说的这个收购企业的基本标准便是"公司在仅仅使用少量负债或零负债情况下良好的权益收益率水平"。

在不同的行业中，利息保障倍数的平均水平也是相差很大的。一般而言，金融企业的利息保障倍数是非常高的，而非金融企业的利息保障倍数则相对低一些。也就是说，在不同的行业中，利息保障倍数的平均水平存在较大差异。

利息保障倍数作为衡量一个公司债券安全性的标准，是债券投资方面的一个重要指标。通过利息保障倍数，投资者就能够发现购买这家公司的债券产品是否划算。当然，债券的收益性也不能完全依赖这一指标，企业的发展会受到各种因素的影响，运营良好的企业也有可能发生突变，所以影响债券的因素有很多。

投资者在进行债券投资时，想要获得稳定、高额的收益，需要综合考虑各个方面的因素。利息保障倍数则是其中的一个重要指标。在任何一个行业，那些利息保障倍数高的公司都具有较强的市场竞争力，并且能够始终保持持续盈利的能力，而这种企业的资产负债率也会相对较低，财务状况也会相对稳定，是一个比较适合投资的对象。

新手如何看财务报表

对于初入投资市场的新手来说，如何能够更好地进行投资，是每一个新手投资者的共同问题。在前面的章节中，我们讲过投资者在"小道消息"的错误诱导下投资失败的例子。"小道消息"的真实性很低，对投资者来说有害而无利。如果投资者真的想要在投资市场中寻找一个值得信赖的东西的话，上市公司的财务报表是一个不错的选择。

对于投资者来说，在投资某只股票之前，要首先去了解这家公司的财务报表。巴菲特就是一位"财报阅读"的爱好者，可以说他的"百投百中"在很大程度上得益于对企业财务报表的精准分析。

财务报表是根据会计准则的规范进行编制的，主要反映会计主体财务状况和经营状况，面向所有者、债权人、政府和其他社会公众等公开的会计报表。在财务报表中，一般包括资产负债表、损益表、现金流量表和财务状况变动表等内容。

财务报表可以综合反映出一家公司的财务状况和经营状况，可以说是投资者获取企业第一手资料的重要来源。通过阅读企业的财务报表，投资者可以根据其中的一些关键数据来进行分析，从而做出自己的投资决策。

一个合格的投资者应该具备以下条件：掌握企业如何经营运作的知识、掌握企业经营的基本语言、对投资有很大的热情、具有良好的性格。这些条件能够让投资者拥有独立思考的能力，而在这其中学会审读和分析企业的财务报表，也是一项重要的投资能力。

如果一个投资者没有办法看清楚企业报表中内容的真假，那他也很难在未来的投资中取得成功。在阅读财务报表的过程中，在分清真假的前提下，了解企业真正的优势所在，是判定企业是否值得投资的关键。在企业财务报表的所有内容中，有三张表格是投资者必须加以重视的。

损益表又可以称为利润表，是投资者需要最先分析的一张表。损

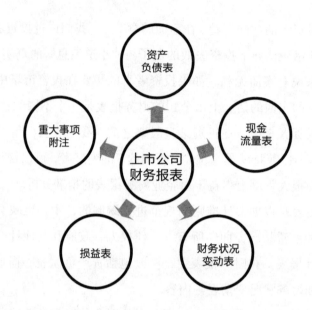

益表中主要包括营业收入、营业利润、利润总额、净利率和毛利率等内容。其中毛利率是一个需要关注的概念，毛利率是毛利与销售收入的比值，投资者也可以认为这个数据反映的是一个企业的赚钱能力。

只有那些具有持续竞争优势的企业才能始终保持盈利，而一般来说，这些公司的毛利率都会在40%以上。除了毛利率外，净利率也是一个值得关注的内容。如果一个企业的毛利率达到40%以上，同时它的净利率高于5%，另外，它的净资产收益率也高于15%，那么这家公司才是一家值得信赖的公司。

分析企业损益表的目的就是判断这个企业是否具有长期盈利的能力。对于企业损益表的分析，不能只局限于一年的数据，而要去总结企业的历史损益数据。优秀的投资者可以从损益表的数据背后，了解企业真实的业务水平和管理水平，从而判断出这个企业是否值得去投资。

在财务报表中，第二个必须分析的就是资产负债表。这张表主要分为资产和负债两个部分。资产部分主要包括企业的各类财产、物资和债权。负债部分包括负债和股本权益两个内容，负债是指公司应该支付的所有债务；股东权益则代表公司的净值，是偿还完各种债务之后，公司股东拥有的资产价值。

有人曾说："对于大多数公司和大多数个人来说，命运往往在你最脆弱的环节捉弄你。以我的经验来看，最大的两个弱点是酗酒和杠杆。因为我看到太多人因为酗酒而失败，也看到太多企业由于杠杆式借债而衰落。"

正是出于这一点认识，大多数投资专家在分析一个企业是否能够始终具有竞争力时，不仅会分析它的资产有多少，同时还会去分析它的负债有多少。对于这些内容，投资者都可以在资产负债表中找到。

资产负债表主要描述的是企业当前时间的财务状况、资产状况、负债状况和净资产。在大多数情况下，银行在对外贷款时，会比较关注贷款企业的资产负债表。对于那些净资产较少的企业，银行一般会因为其没有还债能力，而不通过企业的贷款申请。

在分析企业的资产负债表时，投资者可以学习一些投资专家的分析方法，主要对表中的各项指标进行分析。在资产项目中，主要分析现金和现金等价物、存货、应收账款净值、流动比率和无形资产等方面的内容。大多数分析师认为，资产回报率越高越好，投资者可以通过表单中的资产回报率来衡量企业的效率。然而，有些企业过高的资产回报率可能表示这个企业在持续竞争能力上存在一定的问题。

在负债和股东权益项目中，投资者则需要主要关注短期贷款、长期贷款、债务股权比率、留存收益、股东权益回报率等方面的内容。企业的对外负债越少，企业的盈利能力就可能越强，而当企业的债务股权比率低于0.8时，这家企业就很有可能具有持续的竞争优势。

在财务报表中，最后需要关注的就是现金流量表。一般来说，企业的现金流主要有三种，分别是经营活动现金流、投资活动现金流和融资活动现金流。当企业的现金流量余额为正时，说明企业的经营状况较好，资金最后是流入企业的。如果它为负的话，则说明企业可能在经营上存在一些问题。

在现金流量表中，需要关注资本开支和股票回购两个指标。资本开支主要是指购买长期资产的现金或现金等价物的支出。如果一家公司的净利润用于资本开支的比例长期低于25%，那么这家公司就可能具有持续的竞争优势。

股票回购主要是指企业利用闲置资金回购自己的股票，这样做可以减少企业流通在外的股票数量，从而提升每股股票的收益，最终推动企业股票价格的上涨。这是一个公司具有持续竞争优势的重要表现。如果一家公司每年都会回购自己的股票，那对于投资者来说，这家企业可能是一个不错的投资选择，当然，具体的投资还需要考虑前面所提到的其他因素。

可以形象地说，企业的资产负债表就是企业的骨头，而企业的损益表是企业的肌肉，现金流量表则是企业的血液。从资产负债表中，投资者可以看出这家企业的骨头是否结实；从损益表中，可以看出这家企业的肌肉有没有力量；从现金流量表中，则可以看出这家企业的血液是否充足，是否能够保证其正常地发展和运转。

对于刚刚接触投资市场的新手来说，与其整天花费时间去寻找"小道消息"，不如多利用时间去分析企业的财务报表。虽然在最初阶段可能有些困难，但随着投资经验的增加，投资者将会更好地运用企业的财务报表来为自己服务，之后的投资行为也将更准确、更高效。

从市盈率看股票的价值

作为高风险与高收益并存的一个投资方式，股票投资可以让人"一夜暴富"，同时也可以让人"一无所有"。对于大多数投资新手来说，想要在股票市场中获得高收益，寻求"投资妙法"是不现实的，只有从最基础的投资知识出发，才能一点点地成长起来。投资者学习基础知识，首先需要学会认识股票市场中的一个个指标。

前面我们提到过选择购买债券时，投资者必须首先关注利息保障倍数这个指标，它能够保障投资者在最后能够获得应得的利益。在股票投资中，同样也有一个重要的指标，通过这个指标，投资者能够分析出股票的价值，从而在进行投资时做出正确的选择。这个能够看出股票价格的指标就是市盈率。

市盈率又被称为"本益比""股价收益比率""市价盈利比率"，通常是用来评估股价水平是否合理的指标之一，由股价除以年度每股盈余得出。一般来说，在计算市盈率时，股价通常采用最新的收盘价格，而年度每股盈余的选择，如果按照已经公布的上一年度的每股盈余计算，得出的结果则是历史市盈率。如果要计算预估市盈率的话，则采用市场平均预估，也就是追踪公司业绩的机构收集多位分析师的预测所得到的预估平均值或中值。

究竟通过怎样的方式去计算市盈率才算合理？市场上并没有一个确定的准则，尤其在计算预估市盈率方面。因为企业的年度每股盈余只是一个预估的数值，所以最终得出的市盈率也只是一个预估的数值，但这并不会影响到投资者通过市盈率来判断股票的价值。

一般来说，市场上通常用静态市盈率来作为比较不同价格的股票是否被高估或者低估的指标。如果一家公司股票的市盈率过高时，那么其股票价格可能有泡沫，价格存在被高估的可能。

如果一只股票的市盈率越低，市价相对于股票的盈利能力也就越低，投资的回收期越短，投资的风险也就越小，那么股票的投资价值也就相对越大。

当投资者在比较不同股票之间的投资价值时，首先必须要保证这些股票同属于一个行业，因为在同行业公司之间其股票的年度每股收益才会相对接近，最后比较计算所得的市盈率数值才相对准确。

单纯从概念和公式的角度去理解市盈率，似乎不够形象，下面我们列举几个简单的数字。

股民小王打算用手中的 1000 元来购买股票。现在有两只股票是小王比较看重的，一只股票的每股收益是 10 元，而另一只股票的每股收益是 5 元，那么在选择这两只股票时，小王首先要做的就是比较二者的价值。

小王想知道购买哪只股票更划算，从二者的每股收益上面并没有办法直接进行比较。这时候就需要引入市盈率这个概念，市盈率 = 股价 / 每股利润，当这两只股票的价格都为 100 元时，计算所得的市盈率就分别是 10 和 20，这时可以说前一只股票是 10 倍市盈率，而后一只股票是 20 倍市盈率。

那么 10 倍和 20 倍市盈率究竟是指什么呢？在理解市盈率时，投资者也可以认为市盈率就是我们需要花费多少钱来购买 1 元的每股利润。那么前面所说的 10 倍和 20 倍市盈率，就是指小王分别需要花费 10 元和 20 元钱才能购买到 1 元的每股利润。

通过上面的这种解释，我们可以发现市盈率的另一个意义，既然10倍市盈率代表的是我们需要花费10元才能够获得1元的每股利润，也就是说我们想要通过每股利润回收本金的时间也是10年。市盈率代表着依靠每股利润回收本金的年限。

这样说来，是不是10倍市盈率的股票要比20倍市盈率的股票更有价值呢？从市盈率的角度来说，这种观点是正确的，股票市场中的大多数投资者也正是这样做的。这样说来，那些高市盈率的股票岂不是完全没有人去买了么？真正对股票市场有过分析研究的投资者就会发现，事实并非如此。

早在20世纪中后期，研究者就发现，许多投资机构经常会在市盈率高的时候买入股票，而在市盈率低的时候卖出股票，而且这种违反正常逻辑的情况发生的次数非常多。这些情况通常发生在产品存在周期性价格波动的大宗商品公司的股票上。一般来说，高市盈率时期往往是大宗商品价格周期的谷底，可以说这一时期的大宗商品公司从市场角度看是最被低估的。

当大宗商品公司的股票市盈率随着商品价格升高而慢慢降低之后，投资机构也开始纷纷出手回收成本，赚取收益，这种情况被称为"莫洛多夫斯基效应"。在大宗商品股票交易中，经常会出现这类现象。那些购买低市盈率的大宗商品公司股票的投资者，往往成了投资机构甩盘的对象。

一般来说，100倍市盈率的股票意味着要用100年才能够回收本金，这种股票还有什么投资的价值呢？为什么这种高市盈率而非大宗商品的股票仍然会有许多人购买呢？实际上，这与静态市盈率的概念有关。

静态市盈率要求股票的每股收益始终保持不变，也就是说，前面的小王在今年花费 1000 元购买了每股收益为 10 元的股票之后，在第二年这只股票每股收益依然是 10 元，往后也是一样，每年都是 10 元的每股收益。这样算下来，所获得的市盈率便是静态市盈率。

但在现实的股票市场中，由于上市公司经营状况的变化，其股票的每股收益会不断发生变动。可能今年是每股 10 元的收益；第二年因为生产效率的提高，这家公司的股票便能够获得每股 20 元的收益；但第三年因为重大经营失误，企业股票的每股收益又下降到了 5 元。所以在大多数时候，想要衡量企业股票的价值，需要使用另一个概念——动态市盈率。

正如前面所提到的企业股票的每股收益始终在变化之中，而当第二年每股收益变为 20 元时，如果股价依然按照每股 100 元计算的话，这家企业的市盈率就是 5，这 5 倍的市盈率来自第二年该企业每股收益的变动，所以被称为动态市盈率。

那么现在可能很多新入门的投资者都明白了，如果 100 倍市盈率股票的企业因为经营效率的增长，企业的每股收益增加，那么这家企业的股票市盈率就会出现下降。所以，如果这家企业的股票市盈率从 100 倍能够下降到 10 倍的话，投资者所获得的每股收益就增加了。

正是因为企业里存在这种动态因素，所以想要通过市盈率来判断一只股票究竟该不该买，也变得复杂起来。因此，在依靠市盈率来进行股票价值判定时，一定要结合各个方面的因素来进行综合分析。

股票市场原本就是一个预期的市场，投资成功的关键就是看谁能够察觉投资的先机。因此，预测股票的未来走向是一个十分重要的工作，但我们在前面也说过，没有人能够准确地预测出未来的投资市场会变成什么样。对于投资者来说，投资就是要将眼光放长远。在计算股票的市盈率时，应该尽量向长远看，虽然今年这家企业的股票市盈率是 10 倍，但可能在第二年市盈率就变成了 100 倍。对于这种变化，投资者需要提前做出预判。

总体来说，市盈率一时的高低并不能够决定股票价值的高低，但作为一个投资者，需要用市盈率和其他因素去分析股票的价值，这是一种十分重要的能力。

五步轻松买到美国股票

对于新手投资者来说，在进行股票投资之前，学习一些股票投资的基础知识，了解一些股票投资的专业术语是十分重要的。在这之前，学会选择购买股票是基础中的基础。当然，这里所说的购买股票就是简单地购买股票市场中对外发售的股票。

一般来说，在选择股票投资之前，投资者首先要选择的就是购买哪个股票市场中的股票。对于中国的投资者来说，中国的股票市场和美国的股票市场都是重要的选择。

中国股票市场建立于 20 世纪 90 年代，基本上，中国股票市场的规则脱胎于美国股票市场。但在诞生形成的过程中，中国的股票市场融入了许多中国的具体情况，所以在一些方面又不同于美国的股票市场。

相比于美国股票市场 100 多年的历史，中国的股票市场发展的时间还比较短，所以在法规制度方面还需要不断完善。正因为美国股票市场经过了漫长岁月的洗礼，各项规则都比较完善，股票市场也形成了一定的发展规律，所以很多投资者都喜欢去购买美国股票。但由于银行对境内给海外账户的汇款有着严格的限制，对于大多数中国的投资者来说，选择购买中国股票市场中的股票要相对容易得多。

投资股票首先要进行开户，一般来说，中国投资者购买中国股票市场中的股票，只需要在股票交易所开户就可以了。想要购买美国的股票，则要麻烦一些，具体有两种开户方法可以选择。第一种方法是通过国内券商在港分支机构开户，第二种方法是通过互联网直接在国外的券商那里进行开户。

无论是选择哪一种方式来进行开户，投资者都需要寻找到一个可靠的券商。

通过国内券商在香港的分支机构进行开户的话，也就是投资者下单给大陆券商在香港的子公司或者是直接下单给香港券商，然后通过券商再将订单转到美国本土和它签有合作的另一家券商那里。一般来说，在国内很多大型券商都能够提供这种美股交易的功能。

在网上选择美股券商进行开户也是一个非常可行的方案。网上美股券商一般都在美国本土，相对来说，开户的手续简单很多，只要在网上填好相关表格，再寄到券商的美国总部就可以了。同时这些网上券商的交易佣金也要比传统的券商低很多。

上面所提到的选择一个可靠的券商，是购买美国股票的第一步。第二步，投资者要做的就是将自己的资料快递给自己选定的券商，因为涉及投资者的个人签字，所以快递资料是一个必不可少的环节。

一般来说，投资者需要发送的资料包括开户申请表、W-8ben 免税表格、身份证明文件和地址证明文件。其中，填写 W-8ben 免税表

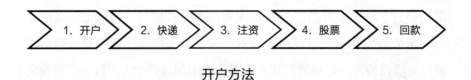

开户方法

格是为了自己美股收益能够在美国免税，而发送身份证明文件和地址证明文件则是要确认投资者的具体身份。投资者首先将这些内容通过网络传送给对方，在审核通过之后，再快递资料原件。

完成上面的步骤之后，就要进入第三步注资环节。想要正常进行股票交易，就要先向自己的账户中进行注资。拥有海外银行账户的投资者，可以直接将钱转入自己的股票账户中。没有海外银行账户的投资者，则需要和券商联系解决注资的问题。

在注资汇款的过程中，投资者需要注意，中国境内的公民在给美国汇款时，一年只有5万美元的额度。根据政策来说，私人的境外投资是受到限制的，但未来这一方面的限制将会逐渐放开。

在完成前三步的准备工作之后，投资者便可以在美国的股票市场中进行股票买卖。但在购买美国股票之时，投资者还需要掌握一些关键的信息。

首先是股票的交易时间。中国股市一般在工作日的9：30—11：30和13：00—15：00进行交易。美国股票的交易时间在夏令时是北京时间晚上9：30开盘，到凌晨4：00结束；非夏令时则是晚上10：30开盘，到早上5：00结束。

其次是交易佣金方面。美股交易的佣金是由各个券商自行制定的，这和国内的不一样。有的券商按单笔收费，有的则按每股收费。另外，美股交易没有交易单位的限制。也就是说，投资者在进行美股交易时可以以1股为单位，不像在中国股票市场交易时以100股为单位。

在进行完股票交易之后，就要进行最后一步的回款工作。回款和汇款在读音上虽然很相似，但整个操作流程是反过来的。总体来说，回款过程比较简单，投资者只需要跟券商填一个申请单，然后在两个工作日就能够收到回款。

一般来说，投资者取回款没有金额限制，但因为美国股票采用的是 T+3 结算，所以投资者如果在今天卖出股票，那至少要在第 3 个工作日之后才能够收回这笔钱。

对于股票投资而言，投资者无论选择哪个股票市场进行投资都是存在风险的，虽然玩法上可能有所不同，但投资股票的一些具体内容还是比较相似的。对于"远赴"美国炒股的投资者，"股市有风险，投资需谨慎"这句话还是需要牢记于心。

第二章
实战中，你应该怎样去理财

如何选择一只好股票

　　小林在朋友中是出了名的"投资高手"，他经常帮助朋友进行投资，而且每次投资都能或多或少地赚到一些钱。为了能够成为小林那样的"投资高手"，朋友们纷纷向小林请教"绝招"。

　　小林对此毫不吝啬，他不仅大方与朋友分享理财方法，还手把手地教大家选择投资方式。在讲解到股票投资时，小林告诉朋友们："股票投资中选好一只股票很重要，这些好股票一般都分为几种不同的类型。所以说，选对类型很关键。"

　　在小林的支招下，朋友们分别选择了几种不同类型的股票。经过一段时间之后，朋友们果然都在股票投资中获得了收益。小林一下子成了朋友圈中的"股神"。

　　事实上，在股票投资中，认识几种类型的股票特性只是股票投资的基础。当然，这也是选择一只好股票的基础。

随着投资逐渐成为一种人人参与的理财形式，投资市场也变得活跃起来。在众多投资方式中，股票投资无疑是"来钱最快"的一种投资。虽然股票市场错综复杂，但每一个投资者都希望能够在其中获利，那么究竟要采取哪种形式、选择哪种股票才能获得收益呢？

股票投资是一门复杂的学问，真正的大师要具备各个方面的能力，而对于刚刚进入投资市场中的投资者来说，学会选择一个正确的股票是炒股成功的第一步，也是关键的一步。选择一个好的股票也是选择一个好的公司，大多数投资专家的投资策略都是长期持有，所以他们会选择一个具有盈利预期的公司股票。只要企业足够优秀，其股票的未来也是值得期待的。

另外，投资专家认为投资者选择股票，首先要选择自己熟悉的行业，这样才能够更好地分析具体企业的实际情况。只有在那些业务清晰、业绩优异、管理层能力比较强的企业中，投资者才能够寻找到最好的股票。

在分析企业是否优秀时，上面提到的几个方面也是需要考虑的因素。首先在财务方面，投资者在选择一家企业的股票时，应该在研究上市公司的财务报表上面多下工夫。虽然想要学会看上市公司的财务报表并不容易，但很多时候，投资者获得企业信息的主要来源便是上市公司的财务报表。关于如何更好地去分析一个企业财务报表中的内容，我们将在后面的章节进行详细的介绍，在这里就不再赘述。

其次，与企业的运营发展相关的一些因素也是投资者需要分析的地方。了解上市公司的产品销售情况、市场竞争力、市场占有率，以及在未来行业中的发展前景等都是十分重要的。尤其是在行业发展前景方面，这对于投资者的未来投资有着重要的影响，比如在现在阶段电扇企业的发展，还将会进一步受到空调等家电企业的挤压，从而在未来逐渐进入发展的颓势。

最后，企业的管理层能力和素质也是投资者需要考虑的一个重要方面。企业的领导层是否具有高素质的管理能力、企业是否拥有一套完善的组织管理体系、企业领导层是否能够真正为广大股东谋取福利都是影响投资者投资成败的因素。一个优秀的管理团队往往能够将一个平凡的企业打造成行业发展的"明日之星"，在为社会创造巨大价值的同时，也会为股东带来更多的投资回报。

对于投资者来说，即使是投资新手，想要掌握上市公司的一些发展情况也并不困难，通过互联网或报纸杂志都可以获得企业的相关信息。虽然没有办法像专业人士那样深入地了解一个企业的实际发展情况，但至少可以避免盲目投资现象的发生，也能够更好地确保投资者的财产安全。

之所以用大量的篇幅来介绍如何选择一个优秀企业，主要是因为这是选择一只好股票的重要前提，同时也能够让投资者更好地理解下面提到的一些概念。对于投资者来说，虽然股票市场上的股票千差万别、复杂多样，但有几种股票还是十分适合投资者进行选择的。

第一个选择是蓝筹股。蓝筹股是一种稳定的现金股利政策，其对

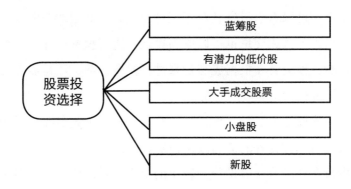

于公司现金流的管理有着很高的要求。通常来说，那些经营业绩较好，并且发展稳定，能够支付较高的现金股利的公司股票被称为蓝筹股。

在股票市场中，投资者将那些在各个行业中处于重要的支配地位、成交量活跃、股利优厚的大公司股票称为蓝筹股。一般来说，大型的传统工业股和金融中蓝筹股较多。投资蓝筹股的好处在于，企业的经营实力强大，盈利能力比较稳定，所以无论是在行业发展的繁荣时期还是衰落时期，都能够保证获得利润。相对来说，投资者投资蓝筹股的风险要比投资其他股票小一些。

第二个选择是潜力股。潜力股则是指在未来的一段时间存在上涨潜力的股票，这些股票一般具有潜在的投资预期。这一类型的企业股票虽然在现阶段发展不畅，或是刚刚发展起来，但未来，因为一些个别的因素将会得到快速的发展，是一种十分值得投资的股票。

一般来说，潜力股在价格上相对较低，这本身就能够降低投资者的投资风险。同时低价股如果拥有可以炒作的题材的话，进行炒作的成本也是相对较低的。这些具有潜在炒作题材的潜力股，在未来很有可能会因为题材被发掘而产生更高的价值，这也正是潜力股的一个正常表现。

第三个选择是大手成交的股票。在正常的市场交易情况下，从股票的成交量中可以看出投资者对于某种股票购买欲望的强弱。可以说在股票价格之外，成交量也可以成为投资者进行投资选择的一个重要标准。当然，投资者在根据成交量来进行投资之前，还是需要对企业和股票行情进行一定程度的了解。

第四个选择是小盘股。小盘股的概念是相对于大盘股来说的，大盘股一般是指发行在外的流通股份数额较大的上市公司股票，小盘股则是指发行在外的流通股份数额较小的上市公司的股票。一般来说，在中国不超过 30 亿股的流通股票都可以看作小盘股。

相比于大盘股，小盘股的控盘相对容易实现，而且由于小盘股的筹码一般较少，机构庄家很容易吸筹，一旦有主力介入，小盘股便会急速上涨，从而为投资者带来大幅的投资回报。

第五个选择是新股。在股票市场中，新上市的股票越来越多，这对于投资者来说已经见怪不怪。很多投资者对于新股视而不见，这也为新入场的投资者提供了机会。一般来说，新股的筹码高度集中，很容易成为炒作的对象，而投资者在这种炒作中比较容易获得投资回报。

其实正如前面所说，选择一个好股票的关键在于投资者能够正确分析企业的发展形势。股票投资并不只是单纯的数字游戏，即使是投资大师也需要按部就班地在对企业进行分析之后，再确定这只股票是否值得购买。这些股票类型对于投资者来说，可以作为一种投资参考，但不能将其作为投资信条。在投资市场中，投资者唯一应该相信的，只有自己。

巧用杠杆，四两能拨动千斤

赵飞和李悦同时发现了一个很好的赚钱机会，在当时两个人的手中都只有 1 万元。这个机会便是两个人只要投入资金，就能够获得 30% 的利润回报。

面对这样的机会，赵飞立刻取出了自己的 1 万元进行投资，过了一段时间之后，他不仅收回了自己的 1 万元本金，同时还额外获得了 3000 元。

李悦面对这样的机会，并没有直接将自己的 1 万元进行投资，但同样过了一段时间之后，李悦不仅收回了自己的 1 万元本金，同时还额外获得了 2 万元的利润。这是为什么呢？

"给我一个支点，我就能撬起整个地球"，古希腊科学家阿基米德的这句名言精确表述出了一个物理学之中重要的学术术语——杠杆原理。利用一根杠杆和一个支点，一个人可以轻松撬起很重的物体，而杠杆原理不仅仅存在于物理学领域，在投资领域里，同样存在杠杆原理，也就是说投资者可以利用一根小小的杠杆来撬动起巨大的财富。

物理学中的杠杆原理很好理解，那么投资领域的杠杆原理该怎么理解呢？通过模拟前面的例子，我们来详细了解一下投资领域中至关重要的杠杆原理。

假如现在在我们面前有一个绝佳的赚钱机会，只要我们肯投入钱，就能够获得 30% 的利润回报，而正好我们的手中有 1 万元，那么是不是要马上用这 1 万元来赚钱呢？先别着急，因为在你面前还有一个选择，你可以在银行申请到 10 万元的贷款，然后可以利用这笔贷款来进行投资，用 10 万元投资肯定会比 1 万元获得的利润多，但是贷款还需要还利息，在这里我们来详细计算一下哪种方式更合算一些。

第一种情况直接投入 1 万元，我们最终会获得 30% 的利润回报，也就是 3000 元，最后手中一共有 13 000 元。而第二种情况，在银行贷款 10 万元，在一定的周期内贷款利息是 1 万元，然后我们用这 10 万元进行投资，最终会获得 3 万元的利润回报，最后加上手中原有的 1 万元，一共 14 万元。当还掉贷款的本金和利息共 11 万元之后，我们净赚到了 2 万元。

那么杠杆在哪里呢？在第一种情况下并不存在杠杆，而在第二种情况下，我们手中的 1 万元便成了杠杆。我们向银行借了 10 万元，然后银行收取 1 万元的利息，这 1 万元可以看作我们使用银行 10 万元钱的使用费，或者说我们用 1 万元买下了银行 10 万元的使用权，最后依靠 10 万元赚到了 3 万元，远远高出了第一种情况下所获得的收益。

在上面的第二种情况中，1 万元就是我们撬动 10 万元的杠杆。一般来说，在投资市场中，杠杆往往用"倍"来表示，在上面的例子中便是 10 倍的杠杆，如果我们用 1 万元获得了 100 万元的使用权的话，就是 100 倍的杠杆。

其实在投资市场中，大多数人都或多或少使用过这个杠杆，而最多的时候就是贷款买房的时候。在大多数情况下，我们购买房子时，采用分期付款是比较主流的交易方式，而在这个过程中就是在利用杠杆。

当购买一栋价值为 100 万元的房子时，如果首付款是 20 万元的话，我们便使用了 5 倍的杠杆，如果首付款是 10 万元的话，那就是使用到了 10 倍的杠杆。那么如果房子的价格上涨到了 110 万元之后，我们将会获得 10 万元的投资回报，按照 5 倍杠杆来计算的话，我们的投资回报将会是 50%；按照 10 倍杠杆来计算的话，投资回报就是 100%。

从上面的例子来看，仿佛我们使用的杠杆越大所获得的投资回报就越高，那么是不是可以说杠杆的倍数越大，我们就能够越快赚到钱呢？如果投资者真的这么想的话，那可能是过于乐观了。因为前面所列举的例子一样，都是一些比较乐观的例子，但是现在我们来看一些并不乐观的例子。

同样是买房的例子，如果我们使用 20 万元的 5 倍杠杆买了一套价值为 100 万元的房子，最后房子的价格下降到了 90 万元，那么我们的投资就失败了，而且亏损了 50% 的资金。如果用 10 万元的 10 倍杠杆来进行计算的话，我们则亏损了 100% 的资金，可以说把本钱全赔了进去。如果杠杆的倍数再高些呢，那么我们可能连借钱都赔不起了。

正如硬币有正反两面一样，杠杆在投资市场中也有两面性。当投资形势大好时，杠杆的倍数越高，投资者赚到的钱就越多。当投资形势一片黯淡时，杠杆的倍数越高，投资者亏损的钱也就越多。当投资者赔光了本钱仍然无法弥补由高倍数的杠杆所带来的负债时，资不抵债的现象便开始出现，越来越多的资产将会被低价出售。当这种现象的影响范围进一步扩大时，经济危机便出现了。

投资市场中的杠杆让更多的投资者拥有以小博大的资本，但同时也大大增加了投资的风险性。这种杠杆就像潘多拉的盒子，每个人都只知道它的"美丽"，但却对它的危险视而不见。运用杠杆进行投资存在着很大的不稳定性，它不仅会使你的本金损失殆尽，还会让你的固有资产受到威胁。在这种情况下，如果不使用杠杆的话，投资者最大的损失就只是失去了投资的本金，而不会危及其固有的资产。

所以在使用杠杆时，投资者要首先明确自己进行的这种投资的成功率与失败率各是多少。当成功率较大时，利用稍高一些的杠杆能够赚到更多的钱；而当失败率较大时，减少杠杆的倍数或不使用杠杆，从而尽可能减少投资的损失。

杠杆的出现无疑给本就狂躁不已的投资市场加入了催化剂，在增加了投资的获利性同时，也大大增加了投资失败所带来的恶劣影响。作为投资者来说，正确使用杠杆是十分重要的，如果不能确定自己能否使用好杠杆的话，就尽量不要去触碰这种东西，不然不仅无法撬动"地球"，还很有可能会摧毁自己的"家园"。

负利率时代：买股票还是买房子

　　张岩还没读完高中便辍学在家。为了让儿子能有一技之长，张岩的父亲将他送到了汽修厂学习汽车修理。经过两年的学习之后，张岩回到了家乡，在一家汽修店打工。

　　张岩的父母虽然不懂经济，但对于国家的经济形势却十分关注。最近在观看新闻时，张岩的父母了解到，最近一段时间的利率可能要下降，街坊四邻也传着银行存钱不挣钱的消息。张岩的父母觉得再在银行存钱有些不划算，反正儿子也到了结婚的年龄，提前用存款买套房子，以防到时候房子再涨价。

　　老两口很快为儿子选定了一套房子，在办理完手续之后，张岩的父母将银行中的存款用来缴纳了房子的首付。过一段时间之后，房子的价格果然开始上涨，而相比之下，银行的存款利息却并没有多大变化。

　　最后算下来，张岩父母的这笔银行存款在同样的时间内，用来买房赚到的钱竟然比存在银行里的利息多了一倍多。

对于经常进行储蓄投资的投资者来说，银行利率是他们关注的焦点。其实不仅仅是热衷于银行储蓄的投资者，在投资市场中每一个投资者都应该对利率有一个敏锐的感知，因为利率的变动也影响着各种理财产品的价格和收益。

利率又被称为利息率，是指借款、存入或者在介入金额中每个期间到期的利息金额与票面价值的比率。作为经济学中的一个重要变量，利率的变化将会影响到一定数量的借贷资本在一定时期内获得利息的多少，正如前面所说的利率的变化影响到投资者的储蓄收益，同时利率的调整也会对投资市场造成一定的影响。

在这里，我们要通过介绍负利率，以及其对股票投资和房地产投资的影响，来说明利率的变动对于投资市场的影响，所以我们要首先了解一下负利率的概念。

负利率一般是将通常的利率改为负值，而在另一种情况下，实际负利率是指通货膨胀率高于银行的存款利率的情况，在这种情况下，如果投资者将钱存在银行中，便会发现自己的财富不但没有增加，反而随着物价的上涨而出现了"亏损"。一般来说，如果这种情况存在的时期比较长，那么便可以称这段时期为负利率时代。

中国从 2010 年 2 月开始物价指数达到 2.7%，开始了负利率时代，到了 2012 年 3 月，这种情形才结束。2016 年，日本、欧洲等不少国家的央行都加入负利率的阵营中，这让全球的金融市场迎来了一个前所未有的变局。对于广大投资者来说，单纯将钱存入银行，只会使自己的财富不断缩水。那么想要让自己的财富保值或升值，在负利率时

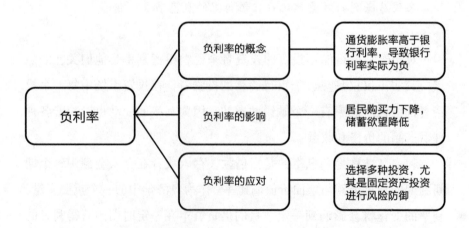

代究竟该选择哪种投资方式进行投资呢？

在负利率时代，个人存款变相贬值，这就使得越来越多的资金开始流入投资市场中，房地产则成了一个热门的投资选择。

在我国几次负利率时期，房地产的价格都出现了几次大幅度的上涨。其中，在 1992 — 1995 年，我国的商品房价格从 995 元 / 平方米上涨到了 1591 元 / 平方米，涨幅累计达到了 60%；到了 2006 — 2008 年，商品房的价格从 3367 元 / 平方米上涨到了 3800 元 / 平方米，累计涨幅则为 12.8%；在 2010 — 2012 年，商品房的价格又从 5032 元 / 平方米上涨到了 5791 元 / 平方米，累计涨幅达到了 15%。

可以看到在这几段负利率时期，我国的房地产都呈现出了强劲的上扬态势，而且不止中国，许多欧美国家和日本在负利率期间，房地产的表现也十分强劲。作为投资者保值增值的大类产品，房地产投资可以说是在负利率时代抵御通货膨胀的一个最佳选择。另外，负利率时代的贷款基准利率会较往年低许多，所以投资者通过贷款购房所需要付出的利息也相对较少。

一般来说，在负利率时代，一些经济基础比较好的发达城市的房地产市场要比其他二三线城市的房地产市场更活跃，其房价上涨的速度也会相对较快。由于一些经济发展水平不太高的城市其房地产的需求量并不高，所以投资者在投资时所能够获得的利润也会相对较低。

相对来说，在负利率时代，股票市场也是居民资金的一个重要流向。为了获取更高的投资回报，让自己的资产在负利率时代得到升值，许多投资者将原本用于储蓄的资金投入股票市场中。

一般来说，在负利率时代，利率下降会使企业的借贷成本增加，这样企业便可以轻松地获得发展资金，从而改善企业的经营环境，增加企业的经营利润，这便使得企业股票的预期股息收入增加，从而促使企业股票价格上涨。同时，由于利率下降，市场消费需求增加，又有利于企业的发展，从而促使企业的股票价格上涨。

从整体上看，在负利率时代，股票市场的价格会出现浮动上涨，但因为股票价格的走势受到各方面因素的共同影响，所以并不能单纯从利率升降的角度来判断股票市场的价格走势。投资者在进行投资时，还是需要具体问题具体分析才行。

对于在负利率时代，是投资股票还是投资房地产的问题，我们可以从收益和风险两个角度来进行考虑。

首先在风险方面。股票投资的风险主要有波动风险和选股风险两种，在负利率时代，股票市场虽然会出现价格上涨的趋势，但却并不能完全认为整个负利率时期内，股票市场都会出现价格上扬的趋势，所以在选择股票时要选择合适的价位。如果在股票价格的最顶端买入股票，那就只能付出亏损的代价了。在负利率时代，选择一个合适的股票同样很重要，大多数企业都因获得低成本的借贷资金而获得了发展，投资者在进行投资时一定要选择更具有发展潜力的企业股票进行投资。

在房地产投资方面的风险主要表现在套现风险和增值风险。购房最大的风险就是投资的灵活性问题，能不能及时套现是投资房地产要首先考虑的问题。增值风险则是由房地产市场的波动带来的房地产价格变化，对于投资房地产的投资者来说，等到房产增值之后再卖掉，赚个差价是投资最主要的目的，但这其中也存在房地产贬值的风险。

其次在收益方面。房地产投资除了前面所说的价值增值外，投资者还能够获得租金的收益，这项收益一般来说比较稳定。而股票投资除了股价上涨为投资者带来的收益外，投资者还能够从中获得股息的收益。持有公司股票的投资者便是公司的股东，便有权利享受公司所发放的股票分红。但与房地产投资相比，股票分红的收益并不如租金收益稳定。

在负利率时代，居民的消费和投资水平明显提高，越来越多的资金将会涌入投资市场中，这对于投资者来说既有利也有弊。在选择投资方式时，投资者应该根据自己的能力以及当时的市场环境来做出选择。对于那些不急于使用大额资金的投资者来说，选择投资房地产是一个不错的选择；而对于想要通过短期、灵活投资获益的投资者来说，股票投资则是一个不错的选择。

提前还房贷划算吗

小杨在结婚之前购买了一套 100 万元的房子，首付 20 万元，向银行贷款 80 万元，贷款的时间是 20 年。也就是说现在小杨需要逐月还给银行一部分钱，最后用 20 年的时间还完银行的贷款和利息。

如果公积金的贷款利率是 5% 的话，小杨贷款 80 万元，贷款 20 年，通过计算可以知道，小杨在 20 年后，一共需要支付的还款总额是 126 万元左右。

如果按照更高的贷款利率贷款的话，假设贷款利率是 7%，小杨贷款 80 万元，贷款 20 年，那么 20 年后，小杨需要支付的还款总额则为 148 万元左右。

现在小杨的手中有 10 万元的积蓄，他觉得承担这么多的房贷压力很大，所以想要提前一段时间偿还一部分贷款，现在计算一下小杨提前偿还贷款最后的还款总额。

按照公积金贷款的利率进行计算，小杨在贷款一年后偿还 10 万元贷款，20 年后，他需要支付的还款总额为 110 万元左右。如果按照 7% 的贷款利率进行计算的话，小杨在 20 年后所需要支付的还款金额则为 130 万元左右。可以看出在两种不同的贷款利率下，小杨提前还款 10 万元，分别可以节省 16 万元和 18 万元左右的还款总额。

随着我国经济的不断发展，房地产市场在近几年呈现出了一种井喷式的发展，而作为生活必备品的房子则成了越来越多人心中的痛。面对不断上涨的房屋价格，处在刚需阶段的年轻人往往选择贷款买房，虽然需要负担很大一部分利息，但似乎贷款买房成了那些没有充足资金家庭的首要选择。

不仅是刚需购房者会选择贷款买房，很多投资者也会选择用贷款来购买房产，从而获得收益。正如前面所说，房地产投资可以作为一种让资产保值增值的应对通货膨胀的重要投资手段，所以即使是并不缺少房产的人也纷纷选择贷款购房。

房屋贷款并不是一笔小数目的资金，同时也意味着贷款者需要缴纳不少的贷款利息，贷款的金额越多，时间越长，贷款者所需要付出的利息就越多。那是不是说，在贷款金额固定的情况下，越早还完贷款越好呢？

一般来说，还贷周期越短，投资者所需要付出的利息也就越少，但有些时候，我们可以通过另外一些手段在较长的还贷周期内，来降低贷款者还贷的利息。

基本上，在贷款利率相差不大的情况下，提前还款最后节省下来的还款金额也相差不大。但如果投资者通过商业贷款进行借贷的话，提前还款所节省下来的钱就要相对多一些了。既然能够节省下来这么多钱，是不是说购房者只要有了闲置的资金就可以提前还房贷呢？

其实通过前面的例子，我们可以知道，提早还贷能够减少后期利息负担，所以对于购房者来说，在还贷的前几年，每月尽量多地偿还贷款能够相应降低贷款的利息。由于最初的本金比较大，所以利息也相应较高，但在还款的前几年通过多还款可以降低总贷款的本金基数，从而最终降低剩余贷款的利息。

那么当我们的手中有了一部分积蓄之后，是不是应该提前偿还房贷呢？其实是否应该提前偿还房贷，我们还需要首先考虑一些其他方面的问题。一方面，对于一个具有投资意识的人来说，如果能够通过合理的投资来让自己手中的积蓄得到升值，从而弥补或超越这部分贷款资金所带来的利息的话，相比于还贷，将手中的资金继续投资则是一个更好的选择。

另一方面，对于一些家庭生活相对紧张的购房者来说，在没有保证家庭储蓄中拥有足够应急资金的情况下，也不适合进行提前还贷，虽然这的确能够降低未来所需要支付的利息，但却会降低整个家庭的抗风险能力。

另外，一些对现金流有着特殊需求的购房者也不适合提前偿还房屋贷款，如果能够保证稳定的年化收入，那么充足的现金流是十分必要的。如果提前偿还贷款使得自身的现金流出现问题，那么就很容易影响到自身的年化收入水平，从而影响到自己偿还贷款的能力。

当然，对于那些具有充足资金的购房者来说，如果当时的投资市场不景气，没有更好的投资选择时，提前偿还房屋贷款是一种正确的选择。当我们手中有了一部分资金之后，是否用于偿还房贷，首先需要考虑的便是使用了这笔钱之后，是否会影响到我们日后的正常生活。如果使用这笔钱之后，并不会影响到我们的正常生活，我们便可以开始衡量该如何使这笔钱获得最大化的收益。

　　只有权衡各个方面的因素之后，我们才能够知道怎样使用手中的这笔钱才最划算。当然，对于那些刚刚接触投资的人来说，如果对投资市场了解得并不深，就不要轻易将这笔钱投入市场中。如果是资深的投资者，在对投资市场有了充分的把握之后进行投资，才是一种正确的选择。所以提前还房贷是否划算，还是要根据购房者自身的情况来确定。

第三章
跟投资大师学投资

沃伦·巴菲特：把鸡蛋放到一个篮子里

　　查理·芒格在管理与沃伦·巴菲特的合伙公司时，主要将投资集中在少数几只证券上。1962—1975年，他的年投资回报率以标准差计算的波动率为33%。同时他在这14年间的平均回报率是道·琼斯工业平均指数平均回报率的4倍。

　　在1987—1996年，巴菲特在管理伯克希尔公司时，也主要将大部分资金投入到可口可乐等几只股票上面。最终巴菲特投资的平均年收益率为29.4%，比同期标准普尔500指数平均年收益率高出5.5%。正是因为巴菲特的集中投资，才造就了这样的成绩。

　　作为有史以来最伟大的投资家，巴菲特在投资市场中创造出了太多的传奇。他不仅依靠股票投资，一步步成为世界首富。他所经营的公司的股票价格还创出了天价。在漫长的股票投资生涯中，巴菲特提出了众多的股票投资原则，而这些原则和方法直到现在还被众多投资者追崇和信奉。

正如介绍巴菲特的人生一样，想要用一篇文章来介绍巴菲特的这些投资理论是不现实的。所以在这里，我们只选取巴菲特的一个具有代表性的投资观点来与读者分享。正如前面所说，巴菲特在进行股票投资时提出了很多投资方面的原则，但其中有一点原则是与其他的投资大师截然不同的，那就是"把鸡蛋放到一个篮子里"。

大多数刚刚接触到股票的投资者，被投资前辈告知的第一句话可能就是"不要将鸡蛋放到一个篮子里"，而巴菲特却将"把鸡蛋放到一个篮子里"作为自己的一大投资原则。这不禁让新手投资者有点犯懵，究竟谁说的才是对的呢？

首先从巴菲特的"把鸡蛋放到一个篮子里"开始分析。事实上，对于"把鸡蛋放到一个篮子里"的话，巴菲特本人并没有说过。更多的是投资者总结巴菲特的投资言论时总结出这一句话。

其实对于"到底是否把鸡蛋放到一个篮子里"的问题，在本质上就是投资者在投资时是分散投资许多股票，还是集中买入一两只股票的问题。对于这样的问题，巴菲特曾经多次在公开信中提及。

巴菲特说："如果你有40个妻妾，那么你将不会了解她们中的任何一个。"同时，他在给合作伙伴的信中还曾引用过凯恩斯的话来表达自己的观点：随着时光的流失，我越来越相信正确的投资方式，是将大部分的资金投入在自己了解而且相信的事业之上，而不是将资金分散到自己不懂而且没有特别信心的一大堆公司。

在巴菲特看来，股票投资的关键不在于投资目标的多少，而在于投资目标质量的好坏。巴菲特认为，任何超过100只股票的资产配置组合都可能不具有逻辑性。因为任何第100只股票在实际上都不可能对整体的投资组合产生正面或是负面的影响。

简而言之，股票投资贵精不贵多。巴菲特将股票投资的关键点确定为投资者对于股票的了解程度。如果自己了解 10 个领域方面的知识，那么在这 10 个领域里的股票是可以投资的。第 11 个领域因为投资者并不了解，那么即使别人一再强调这个领域的投资机会很好，投资者也不能贸然进入自己不熟悉的行业领域中。

巴菲特认为投资者将资金投资在自己能力所及的行业和企业中，是一种降低风险的投资行为。巴菲特在进行投资时有一个习惯，那就是不熟的股票不投，所以许多研究巴菲特的人会发现他很少去触碰那些高科技公司的股票。即使其中很多公司的股票都极具潜力，但巴菲特始终坚持不熟的股票不去投资的习惯。

在巴菲特的六大投资法则中，只赚钱不赔钱是其中重要的一点。在这一原则中，巴菲特始终在强调不赔钱的重要性，这也是投资者持续投资的一个基础所在。不赔钱就需要投资者不断降低自己进行投资的风险，正如前面所说，将资金投入自己熟悉的行业和领域中，是一种降低风险的重要方法。

为此，巴菲特说："我们采取的这种（集中投资的）策略排除了依照普通分散风险的教条，许多学者便会言之凿凿说我们这种策略比起一般传统的投资风险要高许多，这点我们不敢苟同。我们相信集中

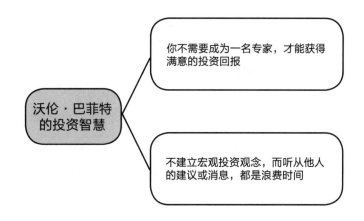

沃伦·巴菲特的投资智慧

你不需要成为一名专家，才能获得满意的投资回报

不建立宏观投资观念，而听从他人的建议或消息，都是浪费时间

持股的做法同样可以大幅降低风险，只要投资人在买进股份之前，能够加强本身对企业的认知以及对于其竞争能力熟悉的程度。"

在这里，巴菲特又一次明确了"把鸡蛋放在一个篮子里"的必要条件，那就是投资者对于自己所投资的企业有着明确的认知，同时对于其经营能力和市场竞争能力也非常熟悉。在投资时，投资者究竟选择几种股票进行投资选择，则完全取决于投资者对企业的认知。

对于大多数投资者认为的"不要将鸡蛋放在一个篮子"里的投资理念，其实也是正确的。毫无疑问，这种方式也能够降低投资的风险。巴菲特也曾提到："当投资人并没有对任何单一产业有特别的熟悉，却对美国整体产业前景有信心，则这类投资人应该分散持有许多公司的股份，同时将投入的时点拉长。"这种方式可以分散投资的风险。

其实在对比这两种不同的投资理念之后，我们可以发现，巴菲特所说的"将鸡蛋放在同一个篮子里"需要一个最基本的条件，那就是投资者要对自己所要投资的企业有一定程度的了解。从这个角度来说，普通的投资者或新手投资者因为对股票市场并不熟悉，同时也缺少相应的渠道去获得企业的相关信息，所以在分析企业时可能往往会浮于表面。这时，将资金全部投入一只股票中的做法，则是相当不明智的。

即使是巴菲特，也不会将自己的全部资金投入一只或几只股票中。虽然巴菲特认为尽可能少地进行投资选择是降低风险的重要方法，但在投资集中度上面，巴菲特最多只允许将净资产的40%都投入一只股票。这种情况发生的前提是巴菲特在分析完企业之后，认为这笔投资确实能够拥有巨大的回报，只有这样，他才会去投资。

对于普通投资者来说，将自己的资金投入自己了解并且熟悉的行业中，在自己熟悉的行业中选择一些便于了解的企业作为投资目标，这样才能做到最大化的投资收益，从而降低自己投资的风险。

对于那些坚持"不将鸡蛋放在一个篮子里"的投资者来说，这种做法也不一定能够真正地增加自己的投资成功率。投资者即使选择分散投资，也一定要仔细去分析自己所投资的企业是否真的具有价值。无论是否将鸡蛋放在一个篮子里面，关键要看这个"篮子"是好是坏。

乔治·索罗斯：风险越大，收益越大

在2012年年底，日本的投资市场成了全世界投资者关注的焦点，众多的投资者加入到做空日元和做多日本股市的行列之中，乔治·索罗斯也是其中之一。

在当时的日本投资市场中，面对着10%的单边行情，想要赚钱，可以直接抛出100亿日元来兑换美元，或者用10亿日元作为保证金来做期货。这两种做法都可以让投资者赚到10亿日元，但同时这两种做法的风险也很大，投资者很可能会亏损同样的钱。

可以说在这种投资博弈中，风险和收益都很高，对于投资者而言，如果想要获得高收益，就需要用同样高的投资去冒险。当然还有另外一种方法可以降低投资者的投资，但同样这将会大幅度增加投资的风险。

索罗斯和他的团队正是采用了这种方法。在这场投资中，他们只用了3000万美元的资金，便最终获得了相当于30倍的收入。索罗斯在投资时，买入了大量执行价格不同的反向敲出期权，这种期权要比虚值期权便宜许多。但这种期权只有在日元大幅下跌的时候才能赚钱，而一旦下跌的幅度超过了一定的水平，这种期权就会自动作废。

可以说，索罗斯团队的这种投资因为成本较低，所以即使全部亏损，也不会如其他投资者一样大伤元气。但在另一方面，想要获得一个比较满意的收益，就需要对日元的价格有着精准的把握，这也是决定投资成败的关键所在。在这一场投资中，索罗斯选择了一个难度最大，但能够同时降低成本和风险的投资策略，并在最终获得了成功。虽然能够降低风险，但这种投资策略本身就是一种冒险。

"风险越大，收益越大"是投资市场中的一句至理名言，但实际上，风险和收益之间并没有什么密切的关系。对于投资产品来说，可能是购买这一产品的风险越大，通过这一产品所获得的收益也会越大。但对于投资者来说，在投资过程中承担的风险越大，他最后能够获得的收益也就越大。很多时候，投资者在承担巨大风险之后，往往会出现零收益或者亏损的现象。

对于市场投资，乔治·索罗斯曾说："承担风险无可厚非，但千万不要做孤注一掷的冒险。"对于很多投资者来说，索罗斯无疑是一位投资领域的"大冒险家"，正是在不断的冒险中，索罗斯才创造出了让人瞠目结舌的投资神话。

他不仅投资于一家家公司，甚至敢于向一个个国家发起挑战。与巴菲特相比，索罗斯在投资市场上表现得更有进攻性，他善于从投机中攫取大额的利润。在投资方面，索罗斯有着自己的一套投资哲学。

正如前面所说，投资市场中"风险越大，收益越大"，而投资者如何在选择一个高风险项目之后，将风险化小，最终获取较大收益，成了考验投资者能力的一个重要难关。索罗斯之所以能够成为投资市场中的

"金融巨鳄"，很大程度上取决于他拥有对于风险的出色把控能力。

　　一般来说，在投资市场中，投资者规避风险的方法可以分为四种：不投资、降低风险、积极的风险管理和精算的风险管理。在这四种规避风险的方法中，不投资不需要介绍。降低风险是巴菲特经常会采用的一种方法。对于索罗斯来说，规避风险的最好方法就是要进行积极的风险管理。

　　积极的风险管理是一种交易商的策略，这与降低风险有着很大的不同。前文曾经介绍巴菲特降低风险的方法，从中我们可以发现，巴菲特规避风险的方法与他自身的投资原则有着很大的关系。巴菲特在投资之前往往会选择价格远低于实际价值的企业，通过认真分析之后，再确定是否对这一企业进行投资。巴菲特降低风险的举措在投资之前便已经完成。

　　索罗斯所采取的积极的风险管理则不同，积极的风险管理需要投资者对投资市场时刻保持关注，一旦投资市场出现变动便能很快地察觉出来。当想要改变策略的时候，同时能迅速做出调整。

　　索罗斯从小便与危险相伴，二战期间，纳粹占领匈牙利时，索罗

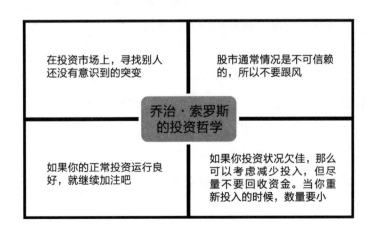

在投资市场上，寻找别人还没有意识到的突变

股市通常情况是不可信赖的，所以不要跟风

乔治·索罗斯的投资哲学

如果你的正常投资运行良好，就继续加注吧

如果你投资状况欠佳，那么可以考虑减少投入，但尽量不要回收资金。当你重新投入的时候，数量要小

斯还是一个小孩子。正是在这种危险中，索罗斯一点一点地成长起来。他说："你意识到危险，在主动承担一定风险的同时，可以换回一些存活的机会，好过做温顺的群羊。这以后，我一直训练自己，去寻找危机，再从危机中寻找到机会。"

索罗斯在金融市场中，也正是这样做的。早在1992年，索罗斯就曾大举放空英镑，随之而来的便是英镑对德国马克比价的一路下跌。虽然英国政府动用各种手段来阻止情况继续恶化，但却始终没有阻止英镑的下跌趋势。在这次阻击英镑的过程中，索罗斯和他的量子基金获得了超过10亿美元的利润。

在亚洲金融危机中，索罗斯与其他"金融炒家"一起对亚洲的金融市场发起了进攻。在索罗斯等国际"炒家"的猛攻之下，自泰国开始，菲律宾、马来西亚、印度尼西亚等国家的股市和汇市一路狂跌。在"洗劫"东南亚之后，索罗斯转战中国香港，但由于中国香港特区政府及时入市支持，索罗斯攻陷香港的企图宣告失败。

通过不断进攻国际金融市场，索罗斯获得了巨额的财富。他曾说："金融市场天生就不稳定，国际金融市场更是如此，国际资金流动皆是有荣有枯，有多头也有空头。市场哪里乱，哪里就可以赚到钱。辨识混乱，你就可能致富；越乱的局面，越是胆大心细的投资者有所表现的时候。"

很多投资者都希望能够像索罗斯一样，在金融市场中纵横捭阖，但更多时候，他们只学到了索罗斯的胆大，却没有学到他的细心。任何一种投资都需要首先去衡量其中的风险和投入产出的比例，不能盲目因为收益很高，就去拼运气、搏风险。真正想要在高风险的投资中获得高收益，首先要做的就是化解其中的风险，索罗斯的很多做法都印证了这一点。

吉姆·罗杰斯：独立思考、分析和操作

在 1984 年，奥地利股票市场遭遇暴跌，吉姆·罗杰斯为了了解实际情况，亲自前往奥地利进行实地考察。经过调查分析，罗杰斯发现了奥地利股票市场存在巨大的发展潜力，于是他开始大量购买奥地利企业的股票。很快，奥地利的股票市场从一片废墟之中获得了重生，奥地利的股票指数上涨了 145%，罗杰斯因此获得了巨大的投资回报。

1987 年，始终保持上涨趋势的日本股市上涨速度放缓，罗杰斯在了解日本股市的情况之后，分析认为日本股市将会迎来一波下跌的趋势。于是第二年，他开始大量卖空日本股票，而日本的股票市场正如罗杰斯所预料的一样，开始出现不断下跌。超前的分析预测让罗杰斯又一次获得了巨额利润。

许多新手投资者认为自己缺少投资的知识和经验，独立思考并不能保证自己在投资中获得成功。对于这种想法，虽然听上去有些道理，但实际上是完全错误的。投资者的投资知识和经验正是从投资市场中反复思考所获得的，只有坚持独立的思考和分析，才能形成自己关于投资的一套方法和原则。

在投资市场中，依靠独立思考进行分析的投资大师有很多，但在其中，吉姆·罗杰斯无疑是最为出色者之一。罗杰斯被誉为最富远见的国际投资家，同时也是美国证券界最成功的实践家之一。从 1970年开始，他与索罗斯共同创建了量子基金，并创造了量子基金连续十年年均收益率超过 50% 的辉煌成绩。

罗杰斯在 1980 年退出量子基金，利用此前积累的 1400 万美元，开始了自己充满传奇色彩的独立投资之路。罗杰斯的投资风格与其他投资大师不同，罗杰斯更多地"将赌注压在国家上"。为了让自己在国际上的投资更加精准，罗杰斯常常亲自前往自己投资的国家。他喜欢周游世界，探访世界各地的新鲜事物。而在他看来，这正是了解世界各地证券市场的一个最直接，也是最有效的方法。

罗杰斯曾在 1990 年，骑着宝马摩托车环游世界，并且打破了吉尼斯世界纪录，正是这种亲身体验式的投资方式，让罗杰斯获得了众多有价值的第一手投资消息。也正是这些第一手信息，让罗杰斯在投资时，能够免受投资专家的影响，从而根据自己所掌握的信息，独立完成思考和分析工作，最终帮助自己做出最为正确的投资决策。

在前面的章节中，我们曾经提到真正的投资大师无论在牛市还是熊市，都可以获得投资回报。罗杰斯的投资正是这种说法的一个典型事例。从罗杰斯的投资故事中可以看出，亲身实践、独立思考和认真分析，对于投资行为的成功具有重大的决定作用。对于投资者来说，在进行投资时究竟应该去思考和分析什么，在罗杰斯的故事中，我们同样能够找到答案。

在 1973 年"埃以战争"期间，以色列虽然拥有更具优势的空军力量，却仍然不是埃及空军的对手。罗杰斯在分析其中原因时发现，在当时苏联提供给埃及的电子设备，美国并没有办法提供给以色列。对于深陷越南战争的美国来说，根本没有时间去发展科学技术。在罗杰斯看来，战争结束之后，美国国防部一定会在这些方面进行大规模的投资。

1974 年，洛克公司作为飞机和军用设备生产商，在经营上出现了很多问题，利润开始大幅下降，洛克公司的股票价格也随即下降到了 2 美元。许多投资者看到洛克公司的衰落纷纷开始抛售其股票，来减少自己的损失，罗杰斯却开始大量收购洛克公司的股票。

在罗杰斯看来，美国与苏联之间的斗争不会结束，美国政府一定会更加注重对军工产业的投入，所以才在洛克公司股票价格大跌时大量买入。最终，洛克公司因为美国政府的政策性援助，重新发展了起来，已经下跌至 2 美元的股票很快便上升到了 120 美元。罗杰斯在这次投资中获得了巨大的成功。

罗杰斯在进行股票投资的选择时，关注的重心并不是一个企业在下一季度的盈利水平，更多的是从整个社会、经济、政治等大环境方面去观察这些宏观因素对于某一行业将会造成的影响。罗杰斯并不相信股市分析专家在电脑面前的分析，更多的是自己亲自去收集有用的资料和信息，然后经过独立的思考和分析来做出最终的投资决策。

正是发现了长期性的政策变化和经济趋势对于某个行业的发展有利时，罗杰斯才预测到这一行业在未来将会具有较大的发展前景，所以才大量购买这个行业中的股票。与其他投资者"望市场风向而动"不同，罗杰斯更多的是根据自己独立思考之后的预测来行动，当然最终结果方面也就大有不同了。

罗杰斯曾说："我总是发现自己埋头苦读很有用处。我发现，如果我只按照自己所理解的行事，就会既容易又有利可图，而不是要别人告诉我该怎么做。"罗杰斯认为如果投资者想要真正地在股票投资中获利，就一定要学会独立思考的能力，同时必须抛弃自己的"羊群心理"，不能让市场的对错来左右自己的选择。

在投资方面，罗杰斯对于中国的股票市场充满了信心。罗杰斯认为中国经济在世界上的影响力将会变得非常重要，虽然中国经济在发展的过程中出现了不少波折，但从整体上来看，这些因素并没有影响中国经济长期向好的趋势。

在谈到自己在中国市场中的投资时，罗杰斯说："其实我能在中国发现和观察到的，每一个中国人都可以。只是我观察到了，然后经过我的思考，就马上行动了。比如，我看到一个东西很便宜，我就想，这个东西在这里便宜，放在其他地方呢？有没有替代品呢？可以通过低买高卖获得收益吗？我就爱这样思考我所观察到的事物，在得出结论后会马上行动。"

罗杰斯就像是一只猎鹰一样，眼睛紧盯着目标，但却并不急于求成，只有在经过缜密的思考分析之后，才会开始行动。即使是在股票市场最疯狂的时刻，罗杰斯的头脑也始终保持着冷静。他认为当市场沿着偏离常理的方向运行时，如果到了疯狂的高潮，那么对善于思考的人来说，他们赚大钱的机会就到了。

独立思考、认真分析、果断操作，是罗杰斯成功的关键。即使对于缺少投资知识和经验的新手投资者来说，这些能力也是一定要学会的，这是走向投资成功的重要过程。

彼得·林奇："鸡尾酒会"投资理论

彼得·林奇是一位优秀的股票投资家和证券投资基金经理。在彼得·林奇管理麦哲伦基金的 13 年间，麦哲伦基金管理的职场规模从 2000 万美元上涨到了 140 亿美元，基金的持有人数超过了 100 万，成了当时全球资产管理金额最大的基金。

在这 13 年中，麦哲伦基金的年平均复利报酬率达到了 29%，投资绩效始终保持在行业的第一名。正当自己的事业刚刚达到巅峰时，彼得·林奇却选择离开基金的圈子，正式退休，将自己的时间全部交给家庭。

对于投资者来说，准确预测出股票市场的发展趋势，能够极大提高股票投资的成功率，但正如众多投资大师所提到的一样，想要预测股票市场的发展趋势是根本不可能的。实际上，虽然我们无法预测股票发展的准确趋势，在一些其他方面，投资者还是能够通过对事实的分析来做出预测的。

上一节我们在讲到吉姆·罗杰斯时便提到过他对于股票市场走势的预测，罗杰斯根据自己对于国家经济发展，以及国际形势的转变等因素，来判断一国股票市场在一段时间之内的走势。事实证明，罗杰斯的判断确实十分准确。

然而，在投资界中，还有一种理论能够帮助投资者判断股票市场的整体走势。这就是彼得·林奇的"鸡尾酒会"理论。在了解这一理论之前，我们首先需要了解一下它的发明者——投资界中的另一位大师彼得·林奇。

彼得·林奇十分注重从生活中发掘投资的智慧，将自己的投资经验与生活实践相结合，"鸡尾酒会"理论正是由此产生的。彼得·林奇从参加鸡尾酒会的经历中，总结出了判断股市走势的四个阶段。

第一个阶段，彼得·林奇在介绍完自己是一位基金经理时，酒会的人们只是与他碰杯致意，然后便漠不关心地走开了。酒会上的客人更多围绕在牙医的身边，或是询问自己的牙病，或是谈论一些商场中的八卦，基本没有人会谈论股票。在彼得·林奇看来，当人们宁愿谈论牙病也不愿意谈论股票时，股票市场应该已经探底，不会再出现大的下跌空间了。

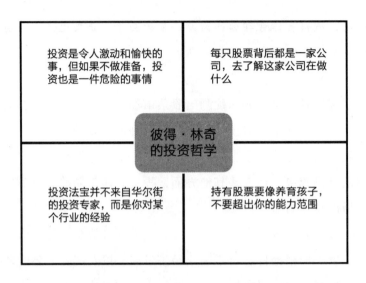

第二个阶段，当彼得·林奇介绍完自己是基金经理之后，人们会简短地与他聊一些股票投资的问题，有的人也会抱怨一下股票市场的低迷状态，但用不了多久，人们便会将话题转移到自己的牙病和八卦新闻上面。这时，彼得·林奇认为当人们只愿意闲聊两句股票时，股票市场可能会开始抄底反弹。

第三个阶段，彼得·林奇在介绍完自己基金经理的身份之后，人们纷纷围上前来询问自己应该购买哪些股票、哪些股票能赚钱、股票市场将会出现什么新变化等问题，很少再去有人关注自己的牙病和八卦新闻了。这时，彼得·林奇则认为，当人们全部都来询问基金经理应该购买哪只股票好时，股票市场应该已经达到一个阶段性的高点。

第四个阶段，当彼得·林奇还没有介绍自己的身份时，他便发现酒会上的人们都在纷纷谈论股票，并且许多人主动向彼得·林奇介绍股票，为他讲解未来股票市场的形势和推荐值得购买的股票。这时，彼得·林奇认为，当人们不再询问该买哪只股票，而是反过来主动告诉别人该买哪只股票时，股票市场很可能已经达到高点，也就是说股票市场很可能会开始震荡下跌了。

分析彼得·林奇在"鸡尾酒会"理论中所提到的四个阶段，我们会发现，彼得·林奇在判断股票市场的走势时，是从人们对于股票的热衷程度出发的。当在鸡尾酒会上，没有人去谈论股票时，股票市场可能已经探底；而当所有人都在酒会上谈论股票时，股票市场可能便已经达到了高点，即将出现下跌的风险。

其实还有个有趣的小故事，也反映出了彼得·林奇的这种判断。在 1929 年，洛克菲勒在街上遇到一个擦皮鞋的孩子，小孩一边擦皮鞋一边对他说："先生，您最近买股票了么，我给您推荐一只股票，肯定能赚钱。"听了小孩的话之后，洛克菲勒回到公司中，便将自己投资的所有股票进行清仓。在它看来，一个擦皮鞋的孩子都开始向别人推荐起股票了，看样子股票市场要出现震荡了。也正因如此，洛克菲勒在 1929 年的华尔街风暴中幸存了下来。

在这里，我们先不去判断这个故事的真实性，就其里面所讲述的内容，其实正是彼得·林奇所描述的"鸡尾酒会"理论的第四个阶段。类似的故事其实还有"买菜大妈推荐股票""扫地大爷推荐股票"等，其实根本内容都是在将利用人们的购买行为来进行股票市场的趋势判断。

很多人将"鸡尾酒会"投资理论作为自己判断股票行情，进行股票投资的重要依据。对于投资者来说，"鸡尾酒会"投资理论提供了一个逆向思维的可能，投资者在进行投资时可以选择从群体的对立面出发去考虑问题，进行投资。虽然彼得·林奇提出了这一理论，但在投资时他经常会提醒投资者不要盲目相信"鸡尾酒会"投资理论，因为在很多情况下，这一理论都是不准确的。投资者在进行股票投资时，还是要根据当时的市场环境来做出投资决策。

第四章
透过经典案例看理财

犹太妈妈的绝密财商教育

在孩子长大的每个阶段，犹太父母都会不断为孩子灌输"以钱换物"的理财观念。

当小孩3岁时，父母便有意识地教他们辨认硬币和纸币。当孩子5岁时，父母会让孩子了解"以钱买物"的道理。当孩子7岁时，父母会教他们去辨认商店中不同的价格标签，进一步深化"以钱买物"的观念。

当孩子8岁时，他们已经可以通过进行一些简单的工作来赚钱，同时也知道了将钱存入银行账户中。当孩子10岁时，他们开始懂得每天节约一点钱，从而为以后做准备。但孩子到了11岁或12岁时，他们便会开始制订自己的短期开销计划，同时开始接触一些与银行业务有关的专业术语。

对于大多数家长来说，孩子是一个家庭的未来，孩子的教育自然是整个家庭最重要的事情。但很多时候，中国家庭对于孩子的教育大多局限在智力方面。随着广大家庭生活水平的提高，家长花在子女教育方面的钱也越来越多。虽然在孩子身上花费的教育经费增多了，但实际上，这些钱对于孩子的成长却并没有起到相应的作用。

现在的家长更加注重子女智力的教育，虽然有的家庭也开始注重对于孩子情商的培养，但在绝大多数中国家庭中，很少有家长会去着重培养孩子的财商。对于一个人的成长而言，智商和情商的重要性，相信绝大多数人都已经非常了解，而大多数人却都没有注意到财商对于一个人成长的重要性。

在现代社会中，财富已经成为成功人士的象征。虽然这种追求财富的价值观有失偏颇，但没有人可以否认财富对于自己生存的重要性。无论是智商高的人还是情商高的人，都不能抛弃财富而独立存在。所以在这里，我们才要提到财商的重要性。

在讲到财商时，不得不提的就是犹太人的例子。犹太民族善于经商，索罗斯和摩根家族都是犹太人。在被称为世界金融中心的美国华尔街中，犹太人掌握着巨额的财富，超过80%的投资产品都出自犹太人之手。很多人认为犹太人天生便具有经商的天赋，其实不然，犹太人在商业上的精明更多来自后天的教育。也可以说，在犹太人的传统教育中，智商教育、情商教育和财商教育都是每一个人应该接受的基本教育，而很多时候，财商教育甚至更加受到重视。

在犹太人家族中，当孩子刚满1岁时，会收到父母赠送的礼物。这在中国也十分常见，很多时候，中国的父母会选择一些孩子喜欢的玩具或是平安锁作为礼物。但在犹太家庭中，更多的父母会选择送给孩子股票，这一点在北美的犹太人家庭中表现得尤为明显。虽然孩子们并不知道股票是什么东西，但对于犹太人父母来说，让孩子更早地接触金钱，更早地形成金钱意识，比让孩子知道怎么玩要更重要。

　　随着孩子的成长，犹太父母会不断将理财的知识渗透到孩子的日常生活之中，同时通过一些与金钱有关的游戏来更好地让孩子去关注这些方面的东西。有时，犹太父母会设计一些猜物品价格的小游戏，让孩子们去猜测自己生活中经常接触到的物品的价格，比如饮料、糖果、橡皮的价格等。猜对价格的孩子将会得到相应的金钱奖励，谁获得的奖励越多，谁就是最后的冠军。

　　一方面，对于大多数孩子来说，在好胜心的驱使之下，孩子们非常喜欢这些方面的游戏，同时参与游戏的热情也很高。想要获胜的孩子在平时就会更加关注物品价格方面的内容。另一方面，犹太父母在教授孩子学习投资时，更多也是从游戏入手。犹太父母通常会让孩子选择那些虚拟经营类的游戏，这样不仅能够让孩子体验到游戏的乐趣，同时也能学习到简单的投资知识。

　　在大多数人眼中，让孩子过早接触与金钱有关的知识，可能会让孩子养成以金钱为本位的价值观念，从而对未来的成长造成不良的影响。其实金钱本身并没有善恶之分，而在社会上，虽然有的人为了金钱不断地做坏事，但同时也有许多人通过金钱在做善事。正因如此，父母对于孩子的金钱观教育才显得格外重要。对于犹太父母来说，金钱教育不仅仅是一种理财方面的教育，更多的是一种人格和思想品德方面的教育。

　　其实在父母对于孩子的金钱教育上，为孩子灌输以劳动去创造财富的观念是非常重要的。在这一方面，父母要让孩子明白，在这个世界上，很多人都在通过劳动来获取金钱，虽然对于一些人来说，只需要付出简单的劳动就能收获大笔的金钱；而对于有些人来说，可能要付出巨大的努力，才能获得很少的金钱。但只要是通过正当的劳动获得的金钱，它们的价值都是一样的。比尔·盖茨敲击一下键盘就能创造巨大的财富；清洁工可能需要花费一整天的时间来清洁地面，才能获得一点微薄的收入。他们所创造的价值不同，但都是值得肯定的。

在犹太家庭的财商教育中，延后满足自己的欲望是每一个孩子都必须学习的理念。在这一方面，犹太父母经常会告诫自己的孩子，想要自由地玩耍，就需要首先去努力工作来换取这种自由。如果一个人在20岁到30岁时始终在玩耍，那么等到他40岁的时候就需要拼命去工作，但在那时，一个人的各项身体能力已经开始下降，最后他需要工作很长的时间才能够获得继续玩耍的自由。

每一个人的人生都是有限的，在固定的时间，人们可以选择自由地休息，也可以选择拼命地赚钱。虽然人生中还有其他的选择，但是这两方面却是每个人都必须要经历的阶段。首先选择自由休息的人，在后半生就需要拼命去赚钱生活；而首先选择拼命赚钱的人，就可以用赚到的钱去自由地休息。人生的道理其实很简单。

很多人认为犹太人教育的成功，很大部分原因是充分全面的财商教育。的确，犹太人在商业方面的精明，很多时候是来源于他们的财商教育。很多人将财商教育单纯地理解为怎样去获得更多的金钱，但是在犹太人的财商教育上，最高的追求和最大的财富，并不是金钱，而是智慧。

很多犹太孩子很小便会被父母问到这样一个问题："如果有一天我们的房子被烧毁了，财产被抢光了，你将会带着什么东西逃跑呢？"每一个孩子都有自己的答案，每一个孩子的答案也是千差万别，但最后，父母都会统一告诉孩子："你要带走的既不是钱，也不是宝石，而是智慧，因为智慧是谁也抢不走的，只要你活着，智慧就与你同在，智慧就是你最大的财富。"

对于每一个父母来说，他们最大的财富就是自己的孩子，而他们人生所进行的最大的投资正是孩子的未来。

对于每一位父母来说，投资孩子的未来也需要从各个方面入手，不能单纯增加投入，而不去对孩子进行合理引导。孩子的智商教育需要投入，情商教育需要投入，财商教育也同样需要去投入，只有全面的教育才能培养出一个优秀的人，也才能获得最大的利益回报。

炒黄金的"中国大妈"

2014年4月12日和4月15日，国际黄金的价格经历了一次暴跌，直接从1550美元/盎司下降到了1321美元/盎司。其实在整个2013年，国际黄金的价格都在一路跳水，全年的跌幅达到了28%左右。当国际金价在2014年发生暴跌之后，"中国大妈"开始纷纷入场，抢购黄金。

当时恰好赶上金价止跌回升，很多人以为"中国大妈"打败了华尔街的金融巨鳄，一时间，"中国大妈"一战成名。在短短10天时间内，"中国大妈"共投入了1000亿元人民币，抢购了300吨的黄金。根据世界黄金协会公布的数据可以看到，当年第二季度全球黄金的消费需求攀升了53%，而黄金消费需求则创下了5年来的最高水平，其中在中国市场金条和黄金的需求量同比激增了157%。

"中国大妈"这个词已经产生好几年，与产生时期不同，现在的"中国大妈"的含义要广泛得多。"中国大妈"是美国媒体调侃国内中年女性大量收购黄金引起世界金价变动而来的一个词，因为"中国大妈"对于黄金的购买力，导致了 2013 年国际金价在当年创下最大单日涨幅的记录。

虽然"中国大妈"创造了一个现象级的事件，但整个故事却并没有像她们所预想的那样去进行。想要"抄底"的"中国大妈"被黄金价格的持续下跌深深套牢，在风云变幻的黄金市场中，她们最终还是败下阵来。

在"中国大妈"看来，当时黄金的价格经过第一轮暴跌之后，很快便跌破了 300 元 / 克，很多人都认为这个价格已经相当便宜。正是在这样你催我、我劝你的氛围之中，越来越多的人加入了"抄底"的行列。但谁都没有想到，自己竟然被套在了半山腰上。

"抄底"是市场投资的一个术语，它指的是在一个投资产品价格最低时进行买入，等到将来价格上涨后，再以高价卖出，从而获得更多利益回报的一种行为。在"中国大妈"的思想上，黄金价格的暴跌正是"抄底"的最佳时机。但实际上，大多数"中国大妈"错误地将金银首饰和作为投资品的黄金混为一谈了。

黄金作为一种投资产品，会因为部分投机者的操作而产生价格的浮动，正如这次黄金价格暴跌一样。但那些流通并不方便的金饰品却并不能作为投资产品，大多数"中国大妈"在抢购时抢购的多是这些金饰品，而不是作为投资产品的黄金。这正是由她们既不熟悉黄金投资，也不了解投资市场的规律所导致的。

另一部分抢购黄金的"中国大妈"则认为，黄金是可以保值的，所以不会存在亏与不亏的说法。她们大多数认为黄金的价格在很长时间是不会发生变化的，所以把金首饰或金条买回家之后，想要出售的时候再出售也并不会亏损多少。在这里面，"中国大妈"同样没有将

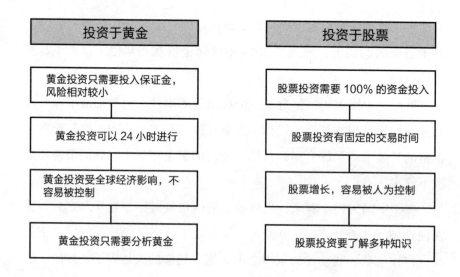

投资于黄金	投资于股票
黄金投资只需要投入保证金，风险相对较小	股票投资需要 100% 的资金投入
黄金投资可以 24 小时进行	股票投资有固定的交易时间
黄金投资受全球经济影响，不容易被控制	股票增长，容易被人为控制
黄金投资只需要分析黄金	股票投资要了解多种知识

黄金看成与股票一样的投资产品，而只是当成了很早以前的"金子"来进行购买。

黄金兼具商品和货币双重属性，在全球金融危机中，作为重要的保值增值工具已经被越来越多的投资者认可。在过去较长一段时间，黄金始终保持着上涨的趋势。但正是由于这种上涨趋势，让"中国大妈"以为黄金是会永远上涨的，而现在的暴跌只是暂时的，所以才会出现这种抢购黄金的现象。

其实在全球金融体系中，黄金早就成了一种投资工具，黄金的价格与一些国家的货币的流动性紧密相关。各个国家货币政策的变化，将会影响到黄金价格的高低。所以对于投资者来说，黄金虽然保值能力要比其他的投资工具高，但却并不是一本万利的。所以在进行投资时，把握时机是十分重要的。"中国大妈"的问题就是出在没有把握好投资的时机，从而被套牢在"半山腰"上。

"中国大妈"知道在通货膨胀时期，如果单纯将钱存在银行，会导致财富的缩水，所以她们想要选择一种更有效的投资手段，来保障自己的财富。但因为对投资知识的不了解，她们才会将黄金投资认为是财富保值增值的手段，且由于对黄金投资风险预估不足，才导致了最后的投资失败。"中国大妈"的例子对于每一个投资者来说，都有着很深的学习意义。

其实"中国大妈"更多的是代表了中国社会上的一大部分群体。随着中国经济的飞速发展，人民生活水平得到了显著的提高，每个家庭的可支配收入都增加了，除去生活开销之外，还多出了很多"闲钱"，所以除了银行储蓄之外，投资者还会选择一些其他投资方式进行投资。但由于对投资知识掌握得不多，同时对于重新学习知识也存在一些困难，所以这一部分人往往会成为投资市场中的"中国大妈"。

从"中国大妈"抢购黄金的行为中可以看出，"中国大妈"可以选择的投资渠道也是十分狭窄的。由于投资知识的缺乏，使得她们只能根据自己的经验来进行投资判断，从而将黄金作为唯一的投资手段。

对投资者来说，尤其是对手中资金相对充足，但却对投资市场并不了解的投资者来说，首先学习一些基础的投资知识是非常重要的，同时也要避免盲目跟风，不要成为"羊群"中的"羊"。

从次贷危机看房地产投资

小王是一名刚刚毕业的大学生，在北京找到了一份稳定的工作。随着工作的稳定，小王决定和女友结婚，但北京的高房价却成了挡在两人之间的一堵高墙。女友的父母坚持要先有房再结婚，小王的家庭却连房子的首付都凑不齐。如果想要购买便宜一些的房子，小王只能辞去工作，回到家乡。但真正回到家乡之后，好的工作机会却没有几个。因为房子的问题，小王陷入了困境之中。

李先生是一个商人，除了平时经营自己的生意外，还十分热衷于进行房地产投资。随着这些年房地产价格的不断上涨，李先生在投资中赚到了不少钱。但随着各地限购政策的出台，李先生的投资之路遇到了一些阻碍。虽然投资房地产获得的收益减少了，但李先生自己拥有的房产却涨到了非常高的价格。对于李先生来说，这些房子就像是一棵棵摇钱树一样。

对于每一个中国人来说，拥有一套属于自己的房子，就好像人生有了着落一样。对于许多刚需的中国人来说，想要找到这个着落却是十分困难。近两年来，随着中国房地产市场的持续升温，越来越多的人加入到了房地产投资的行列中。房子的价格不断上涨，使得中国人想要拥有一套自己的房子的梦想越来越难以实现。

围绕房子，许多人的生活发生了改变。对于房屋价格的上涨，有的人笑逐颜开，有的人则欲哭无泪。无论是想要购买自己第一所房子的人，还是想要通过投资房地产来赚钱的人，他们或多或少地都会用到银行贷款。房地产市场的持续升温，房屋贷款的不断增多，投资炒房群体的出现，这些因素将很有可能导致房地产市场出现风险。

一旦房地产市场出现问题，将会影响整个社会经济的大环境，不仅会影响人民的生活水平，同时也会危及国家的长治久安。2008 年，美国的次贷危机就是一个最好的例子。

2008 年 4 月，随着美国第二大次级抵押贷款公司新世纪金融的破产，美国次贷危机的大幕正式拉开。在次贷危机的影响下，全球股票市场经历了一轮又一轮的暴跌，次贷危机不仅影响了全球金融市场的稳定，更对美国实体经济的发展造成了严重的阻碍。美国房地产市场泡沫的破裂成了此次次贷危机的一个引线。

在2004—2006年期间，美国联邦储蓄委员会连续17次提息，联邦基金的利率从1%上升到了5.25%。这种暴涨的利率大幅增加了购房者的还贷负担。随着美国住房市场的大幅降温，住房价格也开始不断下降。正因如此，很多次级抵押市场的借款人没有办法按期偿还借款，这便导致了次级抵押贷款市场危机的出现。

当前中国的房地产市场与次贷危机爆发之前的美国房地产市场有着很多相似之处。住房贷款比率不断升高，房价收入比居高不下，房地产销售量在增长之后开始逐渐放缓，这些因素让中国的房地产市场笼罩上了一层危机的阴影。

相比前两年房地产投资的火热，近年来，中国的房地产市场相对稳定了一些。美国次贷危机的出现在很大程度上影响了投资者对于房地产投资的热情，同时让投资者对房地产投资有了一种全新的认识。

很多时候，房地产投资被认为是相对稳定的投资行为，购房者普遍持有一种"买涨不买跌"的心态。美国房地产市场蓬勃发展之时，让众多投资者认识到了房地产市场的"掘金"能力，同时也促进了房地产价格的上涨。次贷危机发生之后，大多数投资者对于房地产市场的幻想开始破灭。越来越多的投资者开始变得谨慎起来，房屋的成交量开始急剧下降，房价的增长速度也开始放缓。

近年来，在深圳、广州、北京、上海等一线城市，房屋成交量逐渐下降，房屋价格开始出现滞涨。虽然从整体上来看，房价水平仍然在上涨，但实际上，中国很多地区的楼市都呈现出了"跌量不跌价的"状况，而楼盘以各种方式来进行降价推销的现象也开始逐渐增多。

在次贷危机的影响下，政府的许多房地产政策也发生了变化。在之前，商业银行对于个人住房贷款的准入是很宽松的，对于贷款之后的风险管理也十分宽松。这便让越来越多的人能够获得银行的购房贷款，而这在很大程度上增加了其还贷的风险。如果房屋价格开始走低，贷款利率开始升高，那么将会有越来越多的人无法承担贷款，银行便会出现大量的不良贷款。这正是导致次贷危机的一个重要原因。

面对国内个人住房按揭贷款风险的累积，政府出台了一系列的举措来应对房地产过度投资的行为。首先是全面确立中国的住房保障体系；其次是对中国的房地产投资和消费进行严格的区分；再次是提高个人住房按揭贷款的市场准入；最后是完全禁止各商业银行加按揭及转按揭。同时政府还通过调整货币政策来提高贷款利率，控制信贷的规模。

随着政府政策的出台，银行的经营理念开始发生变化，对于个人住房按揭贷款的管理也开始逐渐加强。申请个人贷款门槛的提高让大多数购房者的贷款申请受到了影响，同时很大程度上减轻了贷款违约将会带来的严重后果。

在次贷危机之前，国内的房地产投资者认为中国的房地产市场需求旺盛，所以对房地产投资的风险考虑较少。随着美国次贷危机的到来，越来越多的国内投资者开始对国内的房地产市场进行重新思考。

影响房地产投资的因素有很多，当房子从"住"变成"炒"时，房地产投资的不稳定因素就更多了。次贷危机就是一个很好的例子。对房地产投资者来说，在投资房地产时应该更加谨慎，不能盲目跟随市场去操作，要用自己的头脑去判断房地产投资的实际价值。

沃伦·巴菲特为何要投资吉列公司

1989 年，吉列公司发行了一种可转换优先股，当时吉列公司的股票价格是 42 美元，总市值为 46 亿美元。吉列公司发行的优先股年利息为 8.75%，强制赎回期限为 10 年，可以以每股 50 美元转换为普通股票。

沃伦·巴菲特在 1989 年花费 6 亿美元买入了吉列可转换的优先股。1991 年，吉列公司提前赎回可转换的优先股，巴菲特的伯克希尔持有吉列股票的总市值达到 13.74 亿美元，相比于购买时的 6 亿美元成本，整整翻了 1.29 倍，收益率达到了 129%。

到了 2005 年，宝洁公司以总价 570 亿美元收购吉列公司。巴菲特选择以每股吉列股票换 0.975 股宝洁股票，同时还以每股约 54 美元的价格追加了 3.4 亿美元购买宝洁股票。最终，巴菲特的持股总数达到了 1 亿股，总投入成本 9.4 亿美元的股票，在当年年底的市值为 57.88 亿美元。

吉列公司创建于 1901 年，吉列剃须刀在两次世界大战中成了美国士兵的军需用品，从而获得了快速的发展，逐渐成为国际著名的剃须刀品牌。在 20 世纪 90 年代，吉列公司的发展并不稳定，在收购了电池生产商金霸王之后，吉列公司的利润开始迅速下降，直到 21 世纪初才逐渐扭转了局面。

巴菲特正是在 1989 年吉列公司发行可转换的优先股时购买的吉列公司股票，而即使在吉列公司利润快速下滑时，巴菲特依然没有抛出自己的股票。最终，在长线持有后，巴菲特获得了数倍的投资回报。

很多投资者都好奇为什么巴菲特会选择购买吉列公司的股票，其实这里面的原因与巴菲特购买可口可乐公司股票一样，巴菲特看重的是吉列公司的内在价值，以及其在未来的发展潜力。

巴菲特在最初购买吉列公司股票时，只花费了 6 亿美元购买可转换的优先股，并没有额外买入普通股。在巴菲特看来，从投资安全的角度去分析，购买可转换的优先股能够最大限度地保障投资的安全性。

当吉列公司的业绩不佳，股票价格下降时，巴菲特可以凭借优先股收回成本，同时还能够获得 8.75% 的股息。当吉列公司的股票价格上涨之后，巴菲特可以将手中的优先股转换为普通股来获利。

这一方面所体现出来的，就是巴菲特对于投资股票的安全边际的把控。当时投资吉列公司，因为购买普通股股票的安全边际比较小，所以巴菲特转而购买了吉列公司发行的可转换优先股，从而更好地保证了投资成本的稳定。

另一方面，巴菲特对剃须刀行业有很深的了解。巴菲特曾说："在现代人类生活中，一切都在发生变化，剃须同样也可以成为一种享受。"吉列剃须刀更是众多剃须刀品牌之中的佼佼者。选择自己所熟悉的行业，挑选行业中的领先企业进行投资，这也是巴菲特的一个重要投资原则。

正如前面所提到的，吉列公司有着漫长的发展历史。作为一个老牌公司，在 20 世纪 90 年代之前，吉列公司始终占据着国际剃须刀行业的头把交椅。即使经历了近十年的波折，吉列公司依然能够在剃须刀行业中保持领先地位。

在巴菲特眼中，吉列公司和可口可乐公司很像，他认为吉列公司和可口可乐公司是当今世界上最好的公司。无论从品牌影响力，还是从产品的质量而言，吉列公司都是不可战胜的。整个世界每一年都会消费 200 亿美元到 210 亿美元的剃须刀片，吉列公司在全球销售刀片的总额中占 60%。

真正让巴菲特感到吉列公司在未来具有很大的发展潜力则是吉列公司的创新意识。在吉列公司一百多年的历史中，持续创新始终是吉列公司一个重要的竞争优势。从剃须刀架到感应剃须刀，所有吉列公司的新产品都是经过了多种多样的创新才诞生的。

在巴菲特看来，即使产品已经在市场上成为经典，吉列公司依然在持续不断地推出更好的产品。正是由于新产品的不断问世，吉列公司才能够保证持续稳定的利润收入。吉列剃须刀优秀的品质则保证了顾客对于剃须刀的使用黏性，即使在同类产品中价格稍高，但出于品牌和质量的考虑，大多数用户也会选用吉列公司的产品。

巴菲特在投资市场中，向来以长期投资和价值投资著称。他在选择投资产品时，从行业层面上，一定先选择自己所熟悉的行业，同时所选择的企业一定要拥有一定的发展潜力和尚未被挖掘的内在价值；在尽可能大地获得安全边际的同时进行股票的买进，从而通过长期持有来获得更高的投资回报。

对于广大投资者来说，巴菲特在投资市场的成功可能是无法复制的，但是巴菲特所进行的这些成功的投资案例却是可以学习的。在进行市场投资之前，首先要充分分析自己所熟悉的行业和领域，从而挑选出其中的优势企业，进而在合适的时机买入股票。

在进行投资时，投资者所需要关注的是企业的未来发展，而不仅仅是股票的未来走势。正如巴菲特一样，投资是要投资一个企业的未来。

火眼金睛的"杨百万"

一天，一个男人来到了上海市税务局，他希望为自己的收入缴纳相应的税款。但当得知他获得收入的来源之后，上海市税务局的领导也犯懵了。这个男人所从事的工作是买卖国库券，但在当时的税法上面并没有关于这方面的说明，领导需要继续请示上级才能解决这个男人的问题。

几天后，国家财政部税务总局发来回复：为了促进国库券发行、流通，方便群众，国库券买卖不征税。这个男人听到回复之后，安心离开了税务局。上海税务局的领导却专门在报纸上发表了一篇文章，专门表扬了这个男人主动纳税的行为。一下子，这个男人成为人们议论的对象，而对于他究竟有多少财产，群众也是议论纷纷，有的说是几万元，有的说是几十万元，也有的说是上百万元。

这个男人的真名渐渐被人们忘记，但在中国的投资市场中，一个响当当的名字却被许多人记住了，这个名字就是"杨百万"。

在 20 世纪 80 年代，拥有百万资产的人并不多，而"杨百万"正是通过一系列投资手段，从 2 万元迅速积累到了上百万元的财富，成了名副其实的"杨百万"。"杨百万"的传奇故事远远不止这一点，"杨百万"可以说是中国投资市场发展的一个见证者和活化石。

"杨百万"原名叫杨怀定，因为最早接触中国投资市场，也被称为"中国第一股民""中国第一散户"。作为原上海铁合金厂的一名职工，杨怀定的身上并没有哪一方面特异于其他人。如果一定要寻找出杨怀定与其他人的区别的话，只能说杨怀定是一个善于学习并具有独到眼光的人。

正是这种善于学习和慧眼独具的能力，让杨怀定在辞去工作后，通过投资证券获得了自己的第一桶金，同时也开启了传奇的投资生涯。

在辞去工作之后，杨怀定钻进上海图书馆里，希望能够在报纸上获得一些挣钱的机会。一次他在报纸上看到了关于国库券开放买卖的报道，这在普通人看来可能并没有什么特别，但对于杨怀定来说，一个全新的赚钱机会似乎到来了。

杨怀定跑到上海一家金融研究所咨询国库券的购买事宜，但当时这家研究所还并没有接到上级下发的红头文件，甚至连那里的研究员都不知道国库券开放买卖这件事。杨怀定只得耐心等待消息的到来。几天之后，杨怀定终于接到了研究员的通知电话。

在研究员那里，杨怀定了解到当时全国只有 6 个城市能够买卖国库券。除了自己所在的上海市外，安徽省合肥市是最近的发售地点。为了获得合肥市国库券的销售价格，杨怀定又去翻阅《安徽日报》，他发现上海市的 100 元面值的国库券售价为 102 — 103 元，而在合肥市的 100 元面值国库券则只卖 100 元。杨怀定终于确定了自己的第一个赚钱渠道。

在东拼西凑 10 多万元后，杨怀定赶到安徽合肥，一下子买光了合肥市工商银行的国库券，这在当时造成了极大的轰动，人们并不知道这个人想要拿这些"死钱"去做什么。很快，杨怀定通过行动告诉了人们答案，他将所有国库券带到了上海进行出售，一来一回，杨怀定赚到了自己的第一桶金。在整个过程中，杨怀定所用到的只是自己的眼睛和头脑。

不仅在证券市场中，杨怀定拥有一双"慧眼"；在股票市场中，他的这双"慧眼"发挥了更重要的价值。

在1988年以后，国家开始对经济进行宏观调控，银行利率逐渐下降。杨怀定预料到银行利率下降一定会带动人民消费水平的上升，同时也将会促进市场投资的发展。经过仔细的思考之后，杨怀定将股票投资作为自己的另一个投资选择。

在下定主意的第二天，他便开始大量购买股票。半年之后，中国的股票市场便如一头发疯的公牛一般急速狂飙，杨怀定所投资的股票全部翻了好几番。于是，杨怀定成了名副其实的"杨百万"。

杨怀定并不仅仅能够预测到股票价格的上涨，同时还能够准确预测到股票价格的下降。正如大海中的潮水一样，股票市场也会经历潮涨潮落，在经历一段时间的猛涨之后，杨怀定看到了股票市场中存在的风险。为了保证投资的稳定性，杨怀定卖掉了手中的股票，又重新买回国库券。

果不其然，不久之后，股票市场开始逐渐走低，上证指数从1400点逐渐跌落到了392点。在这一次股市暴跌中，无论是专家还是干部，都被股票市场彻底击败，很多人忍痛在低点卖掉了股票，更多的人则被股票市场牢牢套住。但杨怀定却在这次股票灾难中幸存了下来。

杨怀定虽然在投资方面有过许许多多的成功，但他并不认为自己是一个投资专家。能够逃过那一次股票市场的灾难，他并不认为自己有什么特殊的预测能力，很多时候，只是觉得时机差不多了，便开始回收自己的股票。他所做的更多的是设定潜在目标，不过分追求高回报的一种举动。

不是投资专家的杨怀定自然也不知道股票市场什么时候能够到底，但当国家发出股市维稳的信号之后，他却又一次捕捉到了宝贵的机会。因为并没有十足的把握确定股票市场的下一步走势，杨怀定并没有对外宣布自己的投资方向。这一次他独自前往股票交易所进行交易，在许多股民的注视下，杨怀定购买了1万股"轻工机械"股票。

在杨怀定的带领下，许多股民对股票市场又重新恢复了信心。不仅是杨怀定，在政府和各个部门、公司的共同努力下，股票市场顺利度过了那段黑暗的时期。在带领股民走出困境的同时，杨怀定的投资又获得了成倍的回报。

对于自己的成功，杨怀定说："我的事业，就是从报纸开始的。"的确，杨怀定最喜欢买书订报。最多的一次，杨怀定订了118份报纸。图书是杨怀定获得投资知识的渠道，而报纸则是他获得市场消息的渠道。杨怀定之所以拥有一双"火眼金睛"，很大程度上，是得益于他平时对知识和信息的积累。

对现代投资者来说，获取信息的渠道丰富多样。想要获得投资上的成功，就需要善于利用这些渠道。想要成为"杨百万"，就必须先去学习他的这种积累方法才行。